Konrad Esterl

Auf´m Berg oder im Tal - gjagert hab i überall

NEUMANN-NEUDAMM

Impressum

ISBN 978-3-7888-1388-8

© 2011/2012 Verlag J. Neumann-Neudamm AG, Melsungen, Schwalbenweg 1, 34212 Melsungen

Tel. 05661-9262-0, Fax 05661-9262-20

www.neumann-neudamm.de
info@neumann-neudamm.de

Printed in the European Community
Satz und Layout: J. Neumann-Neudamm AG

Titelgestaltung: J. Neumann-Neudamm AG unter Verwendung eines Fotos von Andreas Köpferl.

Bildnachweis:
Karl-Heinz Volkmar, Seiten: 18, 22, 33, 47, 48, 50, 51, 54, 56, 58, 63, 65, 76, 77, 78, 97, 100, 110, 126, 143, 144, 145, 147, 149, 151, 152, 155-159

Reinhard Hölzl, Seiten: 17, 83, 104, 106

Erich Marek, Seiten: 93, 94, 124, 127, 128, 134, 136

Jaroslav Vogeltanz, Seite: 154

Alle anderen Bilder von: Andreas Köpferl, Engelbert Holzner, Dr. Markus Perpeet, Thomas Esterl, Archiv Konrad Esterl, Verlagsarchiv Neumann-Neudamm.

Die Hintergrundillustrationen auf den Seiten 182-192 stammen vom Jagd- und Naturmaler René G. Phillips. www.jagdimpression.de

Druck & Verarbeitung: Gorenjski Tisk.

Widmung

Ich widme dieses Buch den drei wichtigsten Frauen in meinem Leben:

Meiner Mutter,

meiner Schwiegermutter

und vor allem meiner Frau Ilse.

Inhalt

Zum Geleit

Das war wieder so ein Tag. Ich kam einfach zu nichts! Die dringliche Arbeit wurde aufgefressen von Telefon, E-Mail und Co. Diese kleinen Störenfriede sind allerdings unverzichtbar, um sich erfolgreich vor dem wirklich wichtigen Tagwerk zu drücken. Missmutig musterte ich die fast triumphierend wirkenden Papierstapel auf meinem Schreibtisch. Irgendwie scheinen die sich zu vermehren. Wann brunftet eigentlich Unerledigtes? Wenn jetzt nicht bald wer anruft, musst du tatsächlich ran, dachte ich. Vorsichtshalber ließ ich den Blick noch ein wenig auf den Stapeln ruhen, denn „Fuchs kann immer kommen".

Na also. Nicht ohne pflichtbewusst zu seufzen, hob ich ab. „Ja, grüß di Gott Markus, hier ist der Konrad. Stör i di?" „Hallo Konrad! Ja, nein, ich muss nur nachher noch was fertig machen. Wie geht's? Steh'n die Alpen noch?" „Halt di fest, die sind hier eben unter einem mittleren Rudel Rotwild z'samm brochen, und das in meinem alten Revier! Na, i weiß doch, was'd hörn willst. Holst mi aus der Schubladen wieder raus? Sei so gut! Und'n Äser kannst jetzt auch wieder schließen. Du, i hätt da a Bitt."

Das war neu. Normalerweise bitte ich den alten Wildmeister, etwa um Tipps und Tricks für die Jagdpraxis. Welcher Art wollen Sie wissen? Zum Beispiel um den Originalton: Wie man den Bock, der zu viel Wind gekriegt hat, vor der Dickung durch kurzes Anschrecken zum Verhoffen bringt, ohne dass sich das wie ein finaler Hustenanfall anhört. Wiederholen könnte er bei der Gelegenheit gleich das leise nasale „Äh" des Rotwildes, mit dem man die angerührten großen Roten zum Stehen bekommt. Denn mein „Äh" wirkt derzeit leider noch eindeutig beschleunigend auf sie. Als Zugabe wünsche ich mir gern den sehr fein spissenden Haselhahn oder den

Dr. Markus Perpeet
Leiter Bundesforste Bayern

Ist es zu spät, wenn der Bock schreckend abspringt, oder hat man noch eine Chance?

Füttern oder nicht - darüber streiten sich die Wissenschaftler. Konrad Esterls Sicht ist die des Praktikers.

grob flehmenden Gamsbock. Ich gebe zu: Bei Letzterem kommt es mir allerdings mehr auf Konrads Gesicht an.

Oder ich bitte ihn um Einschätzungen: Muss man Rotwild in steppendurchsetzten Waldlandschaften bei Höhenlagen um 400 m im Winter füttern? Sollten wir stattdessen nach einem kurzen, aber heftigen Abschuss dem Wild nicht besser konsequent Winterruhe zugestehen, wenn sein Stoffwechsel den jahreszeitlich kargen Bedingungen „gehorcht" und auf Sparflamme geschaltet ist? Verüben wir, außerhalb der Alpen, an üppigen Fütterungen nicht oftmals eine Schälschäden provozierende Saisontäuschung am Rotwild?

Wenn wir schon bei seinem Schwerpunktthema Rotwild sind, würde ich weiter fragen, ob nicht manchmal wir Jäger aus schlichtem Egoismus, gewürzt mit einer Prise Jagdneid, die saisonalen Wanderungen dieser Wildart gerade an Jagdgrenzen wie mit Sperrfeuer unterbinden? Konrad würde bei dieser Thematik sicher zur Höchstform auflaufen. Das schätze ich an ihm: in der Sache auch einmal deutlich zu werden.

Schließlich bitte ich ihn gerne um Praktisches: „Konrad, siehst du die vermoosten Jurablöcke da oben unter den Knorrbuchen? In drei Stunden sagst du mir bitte, ob das ein wartungsfreier, uriger Drückjagdstand mit Kugelfang, Gewehrauflage und Beutechance ist. Nebenbei würde mich interessieren, ob in den Halbhöhlen da vorne Wildkatzen hecken könnten. Und beim Angehen schaust du dir bitte noch die am kühlen Äser des Wildes erfrorenen Tannensämlinge links am Hang an – kleiner Nachbrenner für deinen Beutetrieb."

Ob der letzte Bissen wirklich nur männlichem Wild gebührt und sich dementsprechend weibliche Erleger den Schützenbruch höchstens unter den Hut stecken dürfen, das wissen andere besser. Seine Erfahrungen jedoch beispielsweise zu den obigen Fragen, das müsste er mal zu Papier bringen. Jagdgeschichten, aus denen man nebenbei etwas lernen kann. Irgendwie so etwas. Kein einfaches Unterfangen, da wird er sicher gehörig ins Schwitzen kommen. Zum Glück liebt er die Schweißarbeit ja über alles.

Aber zurück zur Fährte: Der rettende Telefonanruf. Konrad hat also a Bitt. Es dürfte schwer werden, sie ihm abzuschlagen. Die Stapel feixen. Denn Konrad Esterl will sicher keine Wettervorhersage von mir. Er ist jemand, der das mit dem „Schöpfer im Geschöpfe ehren" nicht nur von der Jägermeisterflasche kennt. Er hat es als Berufsjäger gelebt. Er jagt einfühlsam und konsequent zugleich, mit dem Blick fürs Ganze. Anleitungen für den erfolgreichen Felgaufschwung an der Mittelsprosse dürfen wir von ihm nicht erwarten.

Wenn Hirsche neben geschälten Dickungen gestreckt werden und an strubbeligen Verbissbonsais kaum ein rechter Bruch zu finden ist, kommt ihm das „Waidmannsheil" nur leise über die Lippen. Deshalb sind die, sagen wir hier ruhig einmal Grabenkämpfe zwischen Jagd und Forst für ihn schlicht kontraproduktiv. Er sagt uns: Mit Stammtischparolen wie „Bock oder Buche" geht's nicht weiter. Einzelkämpfer haben eine Schwäche: sie nutzen die Stärken des anderen nicht. Jagd und Forst sind aufeinander angewiesen, so sein Credo. Wenn Jäger jagen – und das macht doch normalerweise mehr Freude, als Verbissschutzmittel auszubringen –, gelingt Förstern ein Wald, in dem auch Wild besser lebt.

Betonköpfen auf beiden Seiten rät er: Schaut euch einmal konkurrierende Brunfthirsche an. Sie gehen jedenfalls nicht sofort mit gesenkten Häuptern aufeinander los. Mancher Konflikt löst sich bereits dadurch, auf Augenhöhe respektvoll parallel zu schreiten. Das täte uns manchmal

Wildmeister i.R. Konrad Esterl und Dr. Markus Perpeet auf gemeinsamer Jagd in Hohenfels. Konrad Esterl spricht zu Beginn der Bewegungsjagd ein Gebet.

Kontraproduktiv: Die Grabenkämpfe zwischen Jagd und Forst!

auch gut. Wir könnten dabei sogar noch miteinander reden, nach Gemeinsamkeiten suchen, zusammen Lösungen finden. Schließlich geht es nicht nur um eigene Interessen, sondern um Lebensgemeinschaften, ja auch um Naturschönheiten, die uns anvertraut sind. Anvertraut nicht zu Endnutzung oder Monokultur, nicht zur schleichenden Fremdbestimmung von Wildtieren oder dazu, sich mit Bambis in Höchstdichte zu umgeben.

„Markus, bist du noch dran? Bist so still heut. Ist was?" „Passt schon Konrad. Was ist mit deiner Bitte?" „Du, i hab grad a Buch fertig, weißt schon, auch worüber wir so redn. Ging flott, i brauch mi bloß hi hocken, da lauft's scho. Wie is des eigentlich bei dir? Aber bevor i's vergiss, schreibst mir's Vorwort fürs Buch? Sag's ehrlich." „Konrad, dank dir herzlich, ist schon passiert." Im Augenwinkel sehe ich die Stapel deutlich zusammenzucken und tief abgehen.

Ja, so ist das, wenn man sich auf Konrad Esterl einlässt. Lesen Sie, nein, erleben Sie es selbst. Die Zeit wird wie beim „Jagern" schnell vergehen, wenn Sie auf den nächsten Seiten mit ihm losziehen. Ob auf'n Berg oder ins Tal, das ist, probier'n Sie's, ganz egal.

Kreuzplatzhütte/Schwarzwald,

im Sommer 2011

Markus Perpeet

8

Vorwort

Als passionierter Berufsjäger, dem die saubere „Jagerei" einfach über alles geht, und dann noch als leidenschaftlicher Volkssänger, konnte ich meine beiden Passionen immer wieder verbinden. Ja, ich lebte die anständige und saubere „Jagerei" und ich pflegte die echte und unverfälschte Volksmusik. Dabei kam mir, als ich dieses Buch fast fertig geschrieben hatte, das wunderschöne Volkslied „Auf'm Berg oder im Toi (Tal), singa dean mia überoi" in den Sinn und ich münzte den Text auf die Jagerei um. Es gibt kaum ein Volkslied der alpenländischen Art, wo neben der Liebe nicht auch die Jagd besungen wird. Es waren für mich die wohl schönsten Stunden, nach dem „Jagern" zusammenzuhocken, am besten auf einer Alm oder Jagdhütte, und zu musizieren und zu singen. Wie oft musste ich mich aus dieser lustigen Runde regelrecht davonstehlen, um wenigstens noch ein paar Stunden zu schlafen, denn mein Wecker kannte keine Gnade, mich aus der warmen Sasse zu schmeißen. Ein Jagdgast wartete auf mich, um auf den Hirsch, Gamsbock, Großen oder Kleinen Hahn, Muffelwidder, die alte Gamsgeiß oder den Rehbock geführt zu werden. Und manches Mal kämpfte ich auf der Kanzel oder in einer Hock mit meinen Augendeckeln, die mir immer wieder runterzufallen drohten. Wenn aber dann der bestätigte „Geweihte" oder der alte Gamsbock auszog und von einer waidgerechten Kugel erlegt werden konnte, ja dann ging es nach der schweren Schinderei, dem „Liefern" des Wildes, auf der Almhütte wiederum lustig, ja „jagrisch gsunga und gspielt" her. Als ich das wunderschöne Bergrevier, hoch droben am Spitzingsee, mit seinen weiten Almmatten und Felszapfen, mit seinen tiefdunklen Fichten und seinen herbstlich lodernden Buchen und

Konrad Esterl und seine Hella.

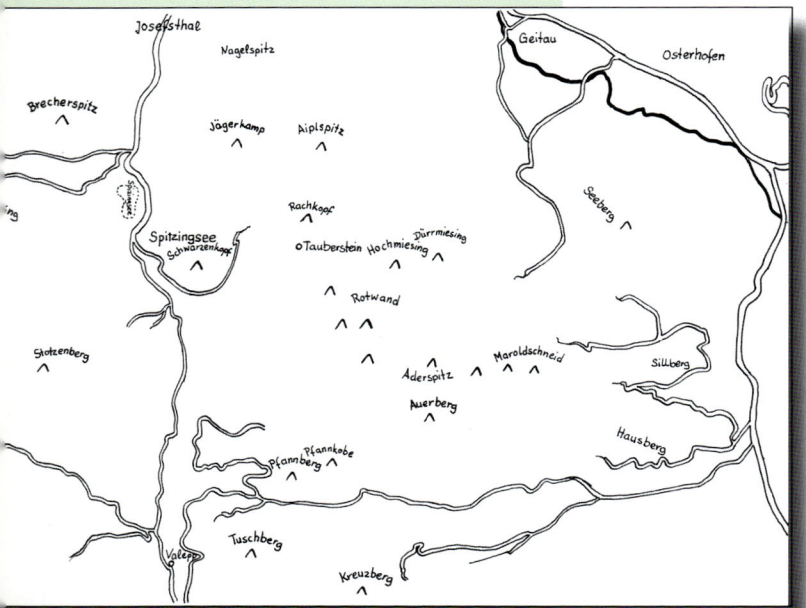

Das Spitzingseegebiet.

Ahornwäldern und seinen urigen und knorrigen Tannenwäldern verließ, als ich die tiefgründigen Latschenfelder, die so manches seltene oder nie geschaute Stück Bergwild bargen, hinter mir ließ, da konnte ich mir nicht vorstellen, dass ich auch im „Tal" oder den dunklen weiten Wäldern des Ebersberger Forstes so schnell Fuß fassen würde. Bei einer Frühpirsch – die ersten Nächte im kleinen „Jagahäusl" schlief ich nicht besonders, die Sehnsucht nach den Heimatbergen und meiner Familie plagte mich ganz arg – erblickte ich dann auf einer versteckt gelegenen Wildwiese ein mehrköpfiges Widderrudel. Und mitten in diesem Widderrudel äste ein typischer Flachlandhirsch, mit enorm langen Stangen. Von langen Sonnenstrahlen wie von einem Heiligenschein umkränzt, äste das kopfstarke Rudel. „Mensch Konrad", sagte ich zu mir, „was willst du eigentlich? Du hast eines der schönsten und wildreichsten Reviere zur Betreuung übertragen bekommen." Und ich stürzte mich mit Elan auf die neue Herausforderung. Das Sprichwort „Zeit heilt alle Wunden" durfte ich am eigenen Leib verspüren. Nochmals stellte ich mich der neuen Aufgabe. Natürlich fehlte mir im Frühjahr das Knappen des Großen Hahnes, das Grugeln und Blasen des Spielhahnes und im Herbst das Austeufeln des schwarzen Gamsbockes, wenn er in windender Fahrt den Rivalen durch Kare, Sandreise, Almboden und Bergwald verfolgt. Aber ich hatte einen guten Ersatz bekommen, wenn aus dem Altholz das Schreien und Zähneklappern der kämpfenden Keiler zu hören war und das einem Pistolenschuss ähnliche Zusammenfahren der Widder. Und ich wurde in Gottes herrlicher Natur mehr als entschädigt. Auch hier im „Tal" durfte ich die Hirschbrunft erleben und den Bock im roten Frack erjagen. Nach einer erfolgreichen Frühpirsch sang ich immer wieder:

Auf'm Berg, oder im Toi

Jagern tua i überoi

Wer net guat jagern ko

Der is arm dro.

Einer meiner jungen Nachfolger: Revierjagdmeister Engelbert Holzner. (Den anderen finden Sie auf Seite 70.)

Ich widme dieses Buch meiner unvergesslichen Mutter, die uns Kindern die Liebe zur Natur, zur ländlichen Tradition, zu Volksmusik und Tracht und deren Erhaltung beigebracht hat, die für uns immer da war, obwohl das bettenreiche Fremdenheim von der Mama viel verlangte. Ich widme dieses Buch aber auch meiner Schwiegermutter, deren Liebe und Fürsorge ich viel verdanke, die mich nach der „Jagerei" mit ihrer schwäbischen Küche regelrecht verwöhnte, und ich widme dieses Buch im Besonderen meiner Frau, die auf den Ehemann sehr oft verzichten musste, denn der Dienst in diesen großen Revieren verlangte einen enormen Einsatz, viel Idealismus und eine ständige Präsenz.

Dank der Großzügigkeit des Leiters des Forstbetriebes Schliersee Stefan Pratsch und meines feinen und kameradschaftlich fürsorglichen Kollegen Engelbert Holzner, fürwahr ein echter Nachfolger, darf ich heute wieder in einem schönen Revierteil am Berg die Büchse schultern und zum „Jagern" gehen. Auch dafür ein herzliches Vergelts Gott.

Schliersee, die Hahnenfalzen 2011

Konrad Esterl

11

Betreuung und Bewirtschaftung von Revieren im Hochgebirge und Flachland

Vierzig Jahre durfte ich klassische Hochwildreviere sowohl im Hochgebirge als auch im Flachland als Berufsjäger betreuen. Dass man in diesem großen Zeitraum mannigfaltige Erfahrungen sammeln konnte oder durfte, liegt ohne Zweifel auf der Hand.

Lassen Sie mich mit der klassischen Betreuung der weitläufigen Bergreviere und der Jagd im Berg beginnen: Große Reviere können, wenn die erfolgreiche Bewirtschaftung an erster Stelle stehen soll, nur von einem gut ausgebildeten und geschulten Berufsjäger betreut werden. Die Weitläufigkeit der Bergjagden kann man so nebenher nicht bewirtschaften. Hier ist einfach der Fachmann, der Profi gefragt. Die Versorgung des Wildes in Notzeiten, die Vorarbeiten dazu und die waidgerechte Bejagung erfordern einen enormen körperlichen Einsatz, viel Idealismus und, wie wir Berufsjäger sagen, „a Boandl", ein Gespür für die uns anvertraute Kreatur.

Wer im steilen Berg schon einmal eine jagdliche Einrichtung, eine Kanzel oder eine einfache „Hock", ein Bodensitzerl, gebaut hat, weiß, dass hier die Götter den Schweiß vor den Erfolg gesetzt haben. Wer auf einer Kraxe am Rücken, Bretter, Stempel und sonstiges Baumaterial den Berg raufgeschleppt hat, der wird es erst ermessen, wie viel Schinderei und Plackerei vor und hinter dieser Arbeit stecken. Aber bevor hier zur Tat geschritten wird, muss man erst einmal wissen, wo sich die Wechsel und Einstände des Wildes befinden. Nur so kann die Kanzel oder der Bodensitz richtig platziert werden.

Die Betreuung von Bergrevieren:

Um große Bergreviere betreuen zu können, braucht man einen Berufsjäger, denn gerade zu Notzeiten ist das ein Rund-um-die-Uhr-Job.

Aber auch andere Aspekte sind zu beachten.

Muss ich, um das Wild beim Einwechseln zu binden, eine Salzlecke anlegen? Habe ich auch die Möglichkeit, zu der Ansitzeinrichtung hin- und wieder wegzupirschen, ohne Wild zu vergrämen? Kann ich das auch einem Jagdgast zumuten? Wo lege ich, damit das Rotwild auch untertags seinen Pansen füllen kann, Äsungsstreifen und Wildwiesen an? Wo platziere ich noch Ansitzeinrichtungen, um bei einer störungsarmen Bewegungsjagd die Chance zu haben, den nötigen Abschuss zu erfüllen? Wo und wie kann ich bei unstetem Wind die Kanzel oder Hock erreichen? Wo steht das Wild, wenn der Winter seine ersten Boten ins Land geschickt hat? Darf ich hier, um den Rest des Abschusses zu erfüllen, mit der Büchse eingreifen?

Gerade das so empfindliche Rotwild und hier besonders die Feisthirsche sind schnell vergrämt. Ich habe schon erlebt, dass die Feisthirsche ihren sonst so gerne angenommenen Einstand regelrecht gemieden haben, und dies nur wegen einer falsch positionierten Kanzel und schlechtem Wind.

Die Sonne geht unter über dem Karwendelgebirge - rund 3000 ha Bergrevier sind zu bewirtschaften.

Vor der Aufstellung einer Kanzel den Standort sorgfältig prüfen.

Den weitaus größten Teil meines Abschusses habe ich am Morgen getätigt. Es müsste doch eine Selbstverständlichkeit sein, dass die Bejagung des Rotwilds nur mit einigen wenigen Ausnahmen, z. B. bei einem Feisthirsch, zu unterbleiben hat, wenn es zur Nahrungsaufnahme vom Einstand zu den Äsungsflächen zieht, denn sonst ist der Wildschaden vorprogrammiert. Das Rotwild erlebt das Sterben eines Artgenossen mit, meidet daraufhin den Störungspunkt, bleibt lieber im Einstand stehen, hat aber Hunger; die Folge sind Verbiss- und Schälschäden.

Als eine kaum mehr gutzumachende Todsünde auf jagdlicher Seite betrachte ich das Erlegen des Wildes an der Salzlecke. Herumgespritzter Schweiß, Angstwitterung und Schnitt- oder Schlaghaare an der Lecke nimmt das Wild besonders übel und man darf sich nicht wundern, wenn die „Sulze" für längere Zeit gemieden wird. Dabei braucht das Rotwild vor allem zu Beginn des Haarwechsels unbedingt Salz. Ich konnte mehrmals beobachten, wie die Tiere an der Sulze Schlange standen.

Es muss uns allen klar sein, dass der Störfaktor Jagd nicht nur zu starker Beunruhigung, sondern bei falscher Ausübung auch zu enormen Verbiss- und Schälschäden führen kann, ja zwangsläufig führen muss, weshalb der Abschuss auf jeden Fall bereits getätigt sein sollte, wenn der Bergwinter sein hartes Regiment übernimmt. Es ist bewiesen, dass der Organismus des Schalenwilds im Winter auf Sparflamme läuft. Es nimmt wesentlich weniger Nahrung von Raufe und Silagetisch und hat ein erhöhtes Schlafbedürfnis. Jetzt muss dem Wild absolute Ruhe vergönnt sein und es muss sich an den Fütterungen in Ruhe den Pansen füllen können, wenn Schäl- und Verbissschäden vermieden werden sollen.

Wenn der harte und lange Bergwinter endlich vorbei ist, beginnen bereits schon wieder die Vorbereitung und Vorarbeiten für den nächsten Winter. Die Silobehälter müssen gesäubert, d. h. ausgewaschen und wenn nötig abgekratzt und mit neuer Silagefarbe eingestrichen werden. Die Winterschäden am Dach des Futterstadls und an den Raufen müssen behoben und ausgebessert, neue Dachpappe muss aufgezogen, die Windfänge nachgenagelt oder neue angebracht werden. Ich selbst baute viele kleine Aufsteckraufen mit den Maßen 80 x 50 cm, damit das Wild ohne Hast und Streiterei sein Futter aufnehmen kann. Rotwild ist nun mal sehr futterneidisch und dem kann man nur durch viel Platz entgegenwirken. Ich hatte pro Stück Wild einen Meter Silagetisch. Wenn ich an einer Fütterung viele Haare finde, dann ist der Platz zu gering bemessen. Es war für mich immer eine Genugtuung, wenn ich das Wild ruhig und ohne Hast das Futter aufnehmen sah und ihm sichtlich an nichts mangelte.

Auch während des Winters säuberte ich immer wieder die Raufen, Tische und Tröge oder schaufelte den Schnee vom Futterbarren. Sämtliche Futterplätze habe ich weiträumig aufgekiest, denn auch ich liebe eine saubere Futterschüssel und bei der Endreinigung im Frühjahr lässt sich der Mist wesentlich besser wegkratzen, ja ganze Mistplatten konnte ich so entfernen. Natürlich werden die Futterplätze im Frühjahr mit Kalk bestreut.

Selbst im Hochwinter sorgte ich dafür, dass das Wild an die Wasserstelle ziehen konnte bzw. der Bach nicht zu sehr vereist war. Ich schlug mit dem Pickel das Eis von den immer wieder

Im Frühjahr Silobehälter und Futtereinrichtungen ausbessern und säubern.

Vorbildlich angelegte Fütterung. Einzeln stehende Futtertische bieten genug Platz für mehrere Tiere.

Wegen der durch das Wild ausgeschiedenen Parasiten wird der Futterplatz im Frühjahr zur Desinfektion mit Kalk bestreut.

In strengen Wintern sollten auch Schöpfstellen freigelegt werden.

Störungen im Revier durch Freizeitsportler können nicht vermieden werden.

Daher ist sowohl die Aufklärung der Freizeitsportler als auch die Zusammenarbeit mit Vereinen und Fremdenverkehrsbüros zur wichtigen Aufgabe des Jägers geworden.

Viele Wildarten lassen sich im Winter einschneien und sind daher für den Bergtouristen erst zu erkennen, wenn es schon zu spät ist.

angenommenen Schöpfstellen, aber auch den Suhlen, denn im ausgehenden Winter wird ein wohltuendes Bad besonders gerne in Anspruch genommen.

Es ist aber auch Aufgabe der Jägerschaft, die Bevölkerung aufzuklären. Der neueste Unsinn ist, des Nachts mit Fackeln durch die Wälder und Einstände zu wandern, ja, es wird sogar von den Fremdenverkehrsbüros gefördert. Aber was man noch als viel schlimmer bezeichnen muss, ist, dass sich jeder Skitourengeher seine Route selbst aussuchen darf. Hinein in die Fütterungseinstände. Das Wild flüchtet kopflos und enorm beängstigt in die tiefen Gräben, traut sich tagelang nicht mehr an die Fütterungen, hat Angst, leidet unter Stress und erhöhten Energieverbrauch und die Folge sind auch hier wiederum enorme Schäl- und Verbissbelastungen des sensiblen Bergwaldes.

Gerade das empfindliche Birkwild lässt sich bei starkem Schneefall einschneien, legt unter der Schneedecke regelrechte Gänge an und versucht so wenig als möglich Energie zu verbrauchen, den Feistvorrat nicht zu schnell zu verzehren. Dann kommt der lautlose Skifahrer, die Schallwellen werden zur eingeschneiten Kreatur weitergetragen, die Folge ist ein katapultartiger Start, der Energien und Reserven kostet, das Tier kämpft sich durch die z. T. hart gefrorene Schneedecke und wenn dies öfter vorkommt, braucht man sich nicht zu wundern, wenn im kommenden Frühjahr wieder Balzplätze verwaist sind.

Zu meiner Zeit gab es auch noch reichlich Schneehühner am Berg. Heute hört man im Frühjahr kaum noch den schnarchenden Balzlaut der weiß gefiederten Bergbewohner. Die ganzen Bemühungen des Hegers sind für die Katz.

Während meiner beruflichen Laufbahn habe ich es oft erlebt, wie das Wohlergehen des Wildes aus Unwissenheit, Sturheit, manchmal auch schierer Bequemlichkeit hintangestellt wurde. So zum Beispiel an einem wetterwendischen Frühjahrstag. Typisches Aprilwetter hing über dem Berg, als ich zum Lempersberg aufstieg. Im Rucksack, heute ging ich ohne Kraxe, hatte ich einen Salzstein deponiert. Am Kirchstein hatte ich eine neue und besonders gut angenommene Sulze errichtet, die von den „Gamsl" besonders gerne aufgesucht wurde. Unter einer überhängenden Felsnase hatte ich den Salzstein deponiert. Schwitzend, der Föhn kämpfte mit den Nebelgeistern, hatte ich mich unterhalb vom Kirchstein zu einer „Bergjagabrotzeit" niedergelassen. Im Kessel der Wallenburger Alm, es lag noch eine schmale Schneezunge, hatte ich auf einmal einen Flug Schneehühner im Objektiv meines unverwüstlichen alten Hensoldt-Glases. Um die Almhütte herum pickten und scharrten die weißen Hochgebirgs-

Schneehühner sind empfindliche Bergbewohner.

bewohner. Ein schneidiger Schneehahn gab immer wieder seinen schnarchenden Balzlaut von sich und mit ausgebreiteten Schwingen zeigte er sich stolz seiner Damenwelt. Er harft, sagten wir zu diesem Imponiergehabe. Auf einmal reckten der Hahn und seine Damen beängstigt ihre „Köpferl" in die Höhe. Im nächsten Augenblick stieg ein einzelner Skifahrer zur schmalen Schneezunge herauf. Mit lautem Protest und unter gequältem Schreien zeigten die weißen Hühner, dass dies hier ihre Heimat ist. Als der Tourengeher auf einmal neben mir stand, machte ich ihn auf sein Fehlverhalten aufmerksam und bat ihn, doch eine andere Route sich auszusuchen. „Was gehen mich deine blöden Viecher an, ich kann hingehen, wohin ich will!", war die laut herausgebrüllte Erwiderung. Mehrmals versuchte ich, noch immer schimpften die Schneehühner aus dem Latschenfeld heraus, den „Bergkameraden" dazu zu bringen, doch etwas Rücksicht auf das Bergwild zu nehmen, das einen harten und langen Winter hinter sich gebracht hatte. Ich musste mich gewaltig am Riemen reißen, denn sonst hätte ich dem feinen „Herrn" mit dem dritten Fuß, dem Bergstock, eine Massage verabreicht. Meine Hella hatte bereits die Haare aufgestellt und ich konnte sie gerade noch an der Halsung fassen, denn sonst hätte sie dem Sportfreund sicherlich die Hose runtergerissen. Was nützt es, wenn wir die seltenen Schneehühner auf die Rote Liste setzen, wenn nur ein einzelner „Neidhammel" sich auf die Bayerische Verfassung beruft und in seinem egoistischen Denken und Handeln recht bekommt?

Seit kurzer Zeit kommt nun das Schneeschuhwandern, das früher hauptsächlich zum Erreichen der Fütterungen vom Hegepersonal, also von den Berufsjägern und Jägern, praktiziert wurde, zum Leidwesen des Wildes immer mehr in Mode. Müssen wir denn in die entle-

Nur „Rote Listen" zu führen, hilft dem Wild nicht!

Wildruhezonen in empfindlichen Lebensräumen können helfen.

gensten Gräben und Kare hineinsteigen und hineinfahren? Nehmen wir in unserem egoistischen Denken nicht wieder dem Wild seinen Lebensraum? Es ist für mich manchmal schleierhaft, auf welche Gedanken „geschäftstüchtige" Gemeindevertreter noch kommen, ohne sich dabei darüber im Klaren zu sein, was sie dem Bruder Tier noch alles antun.

Aber lassen Sie mich wieder zur Notzeit des Wildes und seiner Versorgung zurückkommen. Ein feines Bergheu oder Grummet, gutes Gras und etwas Maissilage reichen dem Bergwild vollkommen aus. Eventuell kann man auch silierte Biertreber und Futterrüben mit auslegen, also dazufüttern, aber damit hat es sich. Ab Ende Februar werden die Lebensgeister, der Kreislauf des Wildes wieder hochgefahren, beim Alttier sieht man bereits die starken Dünnungen, der Embryo beginnt nun zu wachsen, die Hirsche beginnen einzuschnüren und abzuwerfen, gerade dann sollte dem Wild genügend Futter vorgelegt werden. Man merkt es ja selbst, wenn der Futterbedarf ansteigt und das Wild immer früher zur Fütterung zieht. Auf eines möchte ich besonders hinweisen, Salzsteine haben direkt an der Fütterung nichts zu suchen. Bei starker Aufnahme von Salz entsteht Durst und wenn das Wild kein Wasser aufnehmen kann, also keine Möglichkeit zum Schöpfen hat, entstehen unweigerlich Schälschäden.

In Zusammenarbeit mit den Verantwortlichen erstellte Routen helfen Wildtiere zu schützen und Akzeptanz bei Freizeitsportlern für die sensiblen Ökosysteme zu schaffen.

Was soll gefüttert werden?
- Einmähdiges Bergheu,
- Grummet,
- Grassilage,
- evtl. Futterrüben
- und silierter Biertreber als „Zuckerl".

Zieht das Wild früher zur Fütterung, steigt der Futterbedarf.

Keine Salzlecken an der Fütterung!

19

Bei der Anlage von Salzlecken ist es wichtig, dass das Wild nicht direkt am Salzstein lecken kann.
Bewährt haben sich zum Beispiel Stocksulzen, bei denen ein Baum halbhoch abgesägt, dann geschält und oben im Anschnitt ein Dreieck ausgesägt wird, in das der Salzstein gelegt wird.
Dann kann das vom Wetter ausgewaschene Salz langsam den Stamm hinunterlaufen.

Ständige Kontrolle aller Reviereinrichtungen hilft, Unfälle zu vermeiden.

Pirschsteige stets frei von Ästen und dichtem Bewuchs halten!

Das Frühjahr ist die Zeit der Revierarbeiten.

Ich hatte in meinem Bergrevier eine gehörige Zahl von Salzlecken zu beschicken. Wenn man im Frühjahr jährlich 12 Zentner Salz zum Berg trägt und unter einem mit einer Steinplatte geschützten Baumstumpf legt oder auf eine eingekerbte Hochsulze steckt, dann weiß man, was man geleistet hat. Aber nicht nur den Salzstein, sondern auch Werkzeug, wie Hammer, Beißzange, ein Handbeil, eine stabile Astsäge und Nägel, trug ich den Berg hoch, denn jetzt konnte ich schon kleinere Reparaturen vornehmen. Dass ich dabei auch die Ansitzeinrichtungen kontrollierte und nötigenfalls gleich ausbesserte, die Leiterholme und Leitersprossen ersetzte und eventuell störende Äste vom Pirschsteig entfernte, war für mich eine Selbstverständlichkeit. Es erfüllt mich mit Stolz und auch Genugtuung, dass in dem von mir betreuten Revieren nie ein Unfall wegen defekter Jagdeinrichtungen passierte.

Beim Heimweg vom Salzsteintragen konnte ich dann die Wasserreserven säubern, ein einfacher Fichtenwedel erfüllt hier vollkommen seinen Zweck. Wenn ich zur Jagdhütte kam und der Brunnen plätscherte, dann war das für mich die reinste Freude und mit Hochgenuss trank ich von dem kühlen Nass, obwohl mir „a Halbe Bier" sicherlich besser gemundet hätte. Bei zwei Hütten habe ich zusammen mit meinen Söhnen Thomas und Hubert neue Wasserleitungen gelegt und neue Wasserreserven in Form von einfachen Tonnen gebaut. Jedes Frühjahr zog ich mit meiner Frau zu den Hütten, denn jetzt war Hüttenputzen angesagt. Matratzen raustragen und klopfen, den Schafwollteppich genauso ausklopfen, den Fußboden schruppen, die Jagdhüttenschränke ausräumen und säubern usw.

Das Frühjahr war die Zeit der meisten Arbeit, denn auch die Futterplätze mussten gesäubert, der Mist zusammengefahren werden. Die kleinen Aufsteckraufen und Silageträge wurden abgebaut, repariert und unter dem Stadelvordach deponiert. Am zeitigen Morgen galt es nach den Hahnen zu schauen.

An einem sonnigen Abend, es war Ende April, fand ich beim Suchen nach Abwurfstangen Balzpech am Schwarzenkopfboden. Sehr spät schwangen sich noch zwei „Große Hahnen" in einer Altbuche und unter dem schützenden Baldachin einer zottigen Tanne ein.

Am nächsten zeitigen Morgen, so ein unbarmherziger Wecker schmiss mich aus der warmen Sasse, stieg ich in mein Lodengewand und Bergschuhe, die Morgentoilette wurde durch eine stramme Haltung ersetzt und ein einsamer „Bergjaga" stiefelte durch das nächtliche, schlafende Dorf dem Schwarzenkopf zu. Meine Hella hechelte neben mir her, als ich endlich, die vielen Serpentinen

Der Große Hahn.

Wer Birk- oder Auerwild beobachten und bejagen möchte, sollte sehr zeitig am Balzplatz sein.

wollten kein Ende nehmen, den Ausläufer des Schwarzenkopfbodens erreichte. Immer wieder vernahm ich den Balzgesang des Waldkauzes. Am Rande des Bodens konnte ich dann das nass geschwitzte Unterhemd und das Hemd, bei uns sagt man dazu das „Pfoad", wechseln, fürwahr eine Wohltat. Langsam pirschte ich dem Boden und dem Altholz zu. Über mir glänzte ein wunderschöner Sternenhimmel, als ich meine „Hahnfalzlaterne" löschte bzw. die eingeklemmte Kerze ausblies. Immer wieder blieb ich stehen und horchte zum Altholzblock. Vom Talboden herauf hörte ich das Rauschen der Schneewasser führenden Valepp und des Lochgrabens. Vor mir hoppelte ein Schneeha-

Die Balzarie des Großen Hahns:
Knappen
Triller
Hauptschlag
Schleifen: Jetzt kann der Hahn angesprungen werden, er hört jetzt nichts mehr - äugt aber sehr wohl noch, also nicht von vorn angehen!

se, er war am Wechseln seines Winteranzuges, wie die braunen Flecken zeigten. Meine Hella konnte es aber nicht verstehen, dass sie nicht nachhetzen durfte. Es steckt halt doch eine gehörige Portion Brackenblut in ihren Adern. So eine feine Brackade wäre was sehr feines gewesen. Sanft strich ich ihr über den edlen Kopf und kraulte die dunklen Behänge, und so konnte ich die zuverlässige Nachsuchenspezialistin einigermaßen beruhigen.

Einmal meinte ich einen Knapper gehört zu haben. Ich blieb stehen und horchte mit offenem Mund zum Altholz rüber. Und tatsächlich, ich hatte mich nicht getäuscht. Blop – blop – blop, der erste Hahn hatte zu zählen angefangen. In schneller Folge spielte er sich ein, ehe der Hauptschlag die Verzückung des Großen zu mir rüberbrachte. Auf einmal spielte sich neben mir der nächste Hahn ein. Ich setzte mich auf den Boden neben eine Altfichte und schob mir den unverwüstlichen Filz unter den Hintern, währen meine Hella es sich auf dem Wetterfleck gemütlich machte. Sie horchte mit aufgestellten Behängen den Balzarien zu. Neben und oberhalb von uns sangen und falzten drei Große Hahnen ihren Sehnsuchtsschmerz in den beginnenden Morgen. Eine Schnepfe strich puitzend und quorrend über den Boden des Schwarzenkopfs, ehe eine Henne mit nasalem Locken und schwirrenden Flügelschlägen unter mir einfiel. Sie hatte sich einen „Hochzeiter" ausgesucht. Lange blieb ich noch sitzen, ehe die Schaufelräder der Hahnen in den Brombeersträuchern verschwan-

den. Ich stieg ab und fuhr, gestützt auf dem Bergstock, unter meinen Bergschuhsohlen eine gefrorene Schneezunge, erst dem Lochgraben, dann dem Dorfe zu. Von der Schneid des „Jagakamp" hörte ich das Grugeln der Kleinen Hahnen und im Lochgraben, den ich für meine zwei Buben gepachtet hatte, klatschten nach den ersten Fliegen jagende Forellen ins tiefgrüne und gurgelnde Bergwasser.

Auch nach den Spielhahnen schaute ich jedes Jahr. An einem Spätnachmittag, das Rotwild zog nun schon etwas später zu den Fütterungen, stieg ich in die genagelten Bergschuhe und schnürte der Engelweg-Jagdhütte zu. Meine unverwüstliche Hella umtanzte mich lautgebend, sie war genauso begeistert vom Hüttenleben wie ich. Oberhalb der Jagdhütte reinigte ich die Wasserreserve und schloss die winterleere Wasserleitung an. Als ich zur Hütte kam, sprudelte das wichtige Nass bereits im Brunnentrog. Die Hüttenfenster wurden geöffnet, die stickige Winterluft ließ ich aus der Hütte, die aufgestellten Matratzen wurden in den Bettkästen verstaut, die aufgehängten Betten mit frischer Bettwäsche überzogen, und bald

Abendstimmung im Revier.

darauf krachten im Hüttenofen die Buchen- und Fichtenscheiter. Wohlige Wärme breitete sich aus, als ich noch einen kurzen Pirschgang zur Wildfeldalm unternahm. Oberhalb der Almhütte turnten mehrere „Gamsl" durch die Schrunden und steilen Grasbänder. Erstes zartes Grün konnte ich an Rotwand, Kirchstein und den Almböden feststellen. Langsam überzog die Abenddämmerung Berge und Täler meiner Heimat. Vom Dorf Spitzingsee herauf hörte ich das Angelusläuten, als ich wieder die Hüttentür aufsperrte und mir angenehme Wärme entgegenschlug. Wir machten Brotzeit – Hella und ihr Herrle. Beim gleichmäßigen Ticken des Hüttenweckers zeigten das Bier und der rote Südtiroler, den mir der Freund Seppl Schmid aus Terenten mitgebracht hatte, ihre Wirkung, als ich im „Hüttenkreister" (Bett) verschwand. Der Radau des Weckers schmiss mich aus meinen Träumen. Raus aus dem Bett und rein mit dem Kopf in den kalten Wasserstrahl des plätschernden Hüttenbrunnens. Ich war fit und wach. Bald darauf stiefelte ich, zur Vorsicht hatte ich noch die Lodengamaschen angezogen, über die stark verharschten Schneezungen, Rotwand, Kirchstein, dem Lempersberg zu. In einer vorgeschobenen Latschenzunge hatte ich meinen Ansitzschirm erreicht. Bevor ich mich niederließ, wechselte ich das nass geschwitzte Unterhemd und das „Pfoad", und dann schob ich mich auf der naturbelassenen Hock ein. Richtiger Frieden lag über dem weiten Berg, nur vom Tal herauf blinkten die Straßenlichter des Dorfes Spitzingsee. Auf einmal gab es mir einen Riss. Direkt vor mir hörte ich den schnarchenden Ton des Schneehahns. Oberhalb von mir sang eine Ringdrossel in den erwachenden Bergmorgen. Der Kopf des Kirchsteins zeigte erste leichte graublaue Konturen, als um mich herum mehrere Kleine Hahnen, Flügel schlagend einfielen und zu kullern anfingen. Es war ein Traummorgen, der sich am wolkenlosen Himmel abzeich-

Tipp: Immer ein zweites Hemd dabeihaben. Der schweißtreibende Aufstieg steht häufig im krassen Gegensatz zu den zugig-kalten Verhältnissen beim Ansitz.

nete. Um mich waren die Berge und Schneefelder, Schrunden und Kare, Felsabstürze und
Eisfelder der näheren und weiteren Bergheimat
zu schauen und zu fühlen. Das wilde Massiv
der Zugspitze war zum Greifen nahe, genauso
die Zillertaler und die noch dick verschneiten
Stubaier Alpen, das Karwendelgebirge und die
Inntaler Alpen, Sonnwendjoch und das Gebir-
ge des wilden und des zahmen Kaiser, als ich
etwas steif, die Hahnen hatten sich verzogen,

aus meiner Latschenhock stieg. Meine Hella,
ich hatte sie unter die weite Kotze genommen,
schüttelte sich mehrmals, als wir die hart gefro-
renen Almböden unter die Bergschuhe nahmen
und den Steig zur Engelweghütte hinabstiegen.
Auf einmal hörte ich den jiffenden Laut aus
einer Hundekehle. Über den Boden der Wallenburger Alm flüchtete ein noch reinweißer
Schneehase und hinterher hetzte meine Hella, steckte doch in ihren Adern eine gehörige
Portion Brackenblut. „Ach lass sie, die kommt

schon wieder", dachte ich mir. Hella stammte aus der Regenerationszucht, d. h. man hatte dem edlen Geblüt ihrer herausragenden Großmutter, des Wildmeisters Sepp Weber unvergesslicher BGS-Hündin „Ricka von der Zugspitz", Tiroler Brackenblut zugeführt. Ab und zu musste so eine hell aufjauchzende Brackade deshalb einfach sein. Ich stieg weiter ab und dann auf einmal zog die Hella, das schlechte Gewissen sah ich ihr ja regelrecht an, wieder hinter mir her. „Bist a richtiger Kasperl!" Ich musste innerlich lachen, denn nun stiefelte die Hündin, ohne ein Wort von mir, vorschriftsmäßig in meiner Spur hinten nach. Immer wieder blieb ich stehen und suchte mit dem Jagdglas die Gräben nach Fallwild ab, wusste ich doch, dass das Wild, wenn es ans Sterben geht, in den Gräben sich zur letzten Ruhe begibt. Auf der Engelweghütte machte ich mir ein opulentes Bergjagafrühstück. Dann hauten Hella und ich uns nochmals ins Hüttenbett und schliefen den Schlaf des Gerechten – schließlich hatten wir doch einen mörderisch langen Winter hinter uns. Ob Samstag oder Sonntag, das Wild hat jeden Tag Hunger und so kam ich die lange Winterzeit über kaum aus den Bergschuhen. Eine harte, aber auch wunderschöne Zeit, wusste ich doch, dass mein Wild auf mich wartete.

Lassen Sie mich noch etwas über die Silagegewinnung schreiben. Das Beste ist hier gerade gut genug. Wenn das Wetter versprach zu halten, mähten wir die einmähdigen Wiesen stets erst, sobald die Sonne den Tau getrocknet hatte. Am Vormittag gemäht und am zeitigen Nachmittag dann einsiliert – das hat sich bewährt. Wir Kollegen halfen uns auch immer gegenseitig aus. Mein Kollege Kaspar Ritter, ein ausgebildeter Forst- und Landwirt, hatte ein äußerst glückliches Händchen bei der Silierung. Es muss, wie der Kaspar immer sagte, ein Halbheu sein. Nur ganz zum Schluss – wir richteten das Silagegut

Silagegewinnung:
1. Zeitpunkt des Mähens: Sobald die Leitgräser Rispen schieben.
2. Nicht zu dicht am Boden mähen, um zu verhindern, dass Erde oder andere Substanzen mit siliert werden.
3. Trockensubstanz soll etwa die Hälfte des Silageguts betragen.
Zu wenig: Gefahr der Schimmelbildung.
Zu viel: keine ausreichenden Milchsäuregärung.
4. Lagerung trocken und schattig.

bis unter das Dach, denn nach einer Nacht war es weit unter den Silagerand heruntergesunken – stapelten wir wegen des Gewichts nochmals etwas feuchteres Gras auf die Silagebehälter. Und nach zwei Tagen (noch einmal hatten wir nachsiliert) wurden dann die Silagebehälter mittels einer neuen Plane geschlossen und rundherum Sandsäcke angedrückt. Wenn ich im Winter die Behälter öffnete, dann roch die Silage, als ob sie mit Waldhonig durchsetzt wäre und wurde vom Wild gierig aufgenommen.

Eines Tages, der Wildmeister Klaus Moderegger hatte bei mir am Jagahäusl angerufen und mich gebeten, ihm „beim Silo hag'n" zu helfen, fuhr ich nach der Frühpirsch ins Tal des Söllbachs. Mehrere Kollegen waren bereits eingetroffen und wir machten uns ans Werk. Als wir endlich das letzte Fuder Halbheu in die Silagebehälter eingebracht hatten, brannte die Sonne schon ganz schön auf uns herunter. Vor dem überdachten Stadl lagerten wir noch ein kleines Fuder Gras, das der Klaus mit seinem „Lehrbuam" (Lehrling) am nächsten Tag dann noch eingabeln wollte. Schnell noch a „Halbe", dann fuhr ich wieder ins Valepper Tal und zum Spitzingsee rauf. Ein wunderschöner Abend erfreute mich noch, so dass ich wieder in die Bergschuhe stieg und eine feine Abendpirsch im Blecksteingraben unternahm. Der Wind hatte sich gedreht, als ich endlich, „Herrgott noch amal, is der Rucksack aber heute schwer", in meiner auf einer Felsnase gebauten Hock sitzen konnte. Meine Hella hatte ich auf der Schulter mit heraufgenommen. Heute teilte ich mit meinem „Hundl" die Lodenkotze als Sitzunterlage. Es war ein wunderschöner Abend, als oberhalb von mir ein starker Hirsch, es war der Susan, dem ich in einem meiner Bücher ein eigenes Kapitel gewidmet habe, durchzog. Er hatte bereits ausgeschoben und trug wie immer ein weit ausgelegtes und langstangiges Kronenzeh-

In den Rucksack des Bergjagas gehören:
- Spektiv
- Lieferhaken/Strick
- Schweißhalsung und Riemen
- Verbandszeug (für Mensch und Hund)
- Handtuch
- Reservehemd/Unterhemd
- Wetterfleck
- Knicker
- Fernglas
- Sitzfilz
- Wasser (für Hund und Wildversorgung)
- Signalhalsung

Tipp: Alles Überflüssige aus dem Rucksack entfernen, jedes Gramm kann im Berg entscheidend sein.

nergeweih. „A paar Jahrl brauchst noch", waren meine Gedanken, ehe der Hirsch, er war einer von der besonders braven Sorte, im nächsten Graben verschwand. Noch mehrmals vernahm ich den knirschenden Tritt und das Steineln im steilen Hang, ehe ich abstieg. „Herrgott, warum kommt mir heute der Rucksack so schwer vor!" Mit meiner Hella am Buckel stieg ich von meiner Felsenaussicht herunter und pirschte zu meinem Wagen. „Heut glangs aber", murmelte ich vor mich hin, als ich im VW meine Jagdutensilien und den Bergstock mit Büchse verstaute. Mit schnurrendem Motor fuhr ich den heimischen Penaten zu. Und wieder kam mir mein Rucksack, den ich zu Hause an seinen Haken hängte, so schwer vor. „Bist halt heit scho lange auf de Haxn", redete ich mir ein. Nach einer ausgiebigen Brotzeit lag ich bald im Ehebett und war auch schnell hinübergeschlummert. Am nächsten Morgen, die kalte und nasse Schnauze meiner Hella weckte mich aus meinen Träumen, stieg ich nach der provisorischen Morgentoilette in die Bergschuhe und warf mir den Rucksack über den Buckel. Der Schnerfer war immer noch schwer. „Bist halt von gestern her noch müd", redete ich mir ein, als ich ins Valepper Tal kurvte. An der Johannesbrücke stellte ich meinen Wagen ab, der Rucksack blieb schwer, und dann stieg ich zur Totenalm auf. Unter einer vom Almvieh verbissenen Zwergfichte hatte ich kurz vorher eine neue Hock gebaut, die alte war im Winter von einer Nassschneelawine mitgenommen worden, und hier schob ich mich lautlos ein. Es war schon heller Tag, als von den Gräben der Totenalm her ein starker Gamsbock zog. Ich griff nach meinem Spektiv, das ich im Rucksack wusste – und hatte eine Dachplatte in der Hand. Daher also das Gewicht! „Wart no Klaus, dir spiele ich auch noch einen Streich." Klaus Moderegger, der stets irgendeine Lumperei ausheckte (und er schlug bei jeder Gelegenheit spitzbübisch zu!), hatte mir in einem passenden Augenblick die Dachplatte in den Rucksack geschoben und ich Rindvieh trug sie zum Berg.

Meine Rache ließ nicht lange auf sich warten. Als Klaus bei einem geselligen Abend der Jagdhornbläser auf seiner Jagdhütte etwas zu tief ins Glas schaute, nagelte ich ihm – während er schon bierselig tief und fest schlummerte – die Hausschuhe am Fußboden an. Am nächsten Tag läutete das Telefon. „Sag a mal du Sauhund, du hast mir meine Pantoffel angenagelt und mi hats auf die Waffel ghaut", war die telefonische Begrüßung durch unseren Wildmeister. In unschuldigster Mine, von dem „Verbrechen" nicht die geringste Ahnung zu haben, schob ich die Schuld auf einen anderen „Jagdhörndlbläser". Jedes Mitglied der Jägerbläsergruppe musste ein kriminalistisches Verhör über sich ergehen lassen. „Rauskemma is nix."

Nachsuchen

Ein Kollege, auch er führte in seiner Dienstwaffe die 6,5 x 57R, rief mich eines Tages um Hilfe. Er hatte sich in seinen „Drilling" einen Einstecklauf für die .22 Magnum bauen lassen. Aus Versehen hatte er den verkehrten Abzug erwischt bzw. vergessen auf die größere Kugel umzustellen, und so beschoss er mit der Magnum einen geringen Sechserhirsch. Er war sich sicher, den Hirsch getroffen zu haben. Mit meinem VW eilte ich ins Flachlandrevier und wir stiefelten zum vermeintlichen Anschuss. Ich ließ meine sehr erfahrene BGS-Hündin „Hella die Erste" nun vorsuchen. Immer wieder drehte sie welkes Buchenblatt um und zog zur nächsten Fährte. Ich beobachtete nur meine Hündin, denn wenn sie an mir hochsprang, dann wusste ich, dass ich den aufgedockten Schweißriemen aus dem Rucksack nehmen musste, was hier auch der Fall war. Wir fanden überhaupt keine Pirschzeichen, ich dockte den Schweißriemen ab und die Hella zog in das angrenzende Altholz. An einer morastigen Stelle verwies die Hündin das gespreizte Trittsiegel eines Hirsches. Sie hatte sich regelrecht auf dieser Fährte festgesaugt. Im Altholz bog dann die Fährte zur leicht aufsteigenden Fichtendickung. Mehrmals zeigte und verwies Hella das gespreizte Trittsiegel, ein absolut sicheres Zeichen, dass das Stück Rotwild krank ist. Wir waren vielleicht eine halbe Stunde auf der Fährte, da wurde vor mir der Schweißriemen schlaff und neben einem morschen Fichtenstock lag zusammengerollt, wie meine Schweißhunde, der geringe Sechser. Hier hatte ich wieder den Beweis, dass der Schweiß zwar für den Nachsuchenführer zur Bestätigung wichtig, aber für die feine Hundenase nicht von großer Bedeutung ist. Die Verletzung des Bodens bzw. die Krankfährte durch den gespreizten Fährtenab-

Ein gespreiztes Trittsiegel ist ein sicheres Zeichen für die richtige Fährte. Die Kraft des Tieres und damit die sonst natürliche Spannung in den Schalen lässt nach. Das Wild sondert zwischen den Schalen ein Sekret ab (Angstwitterung, vergleichbar zum Angstschweiß des Menschen).

druck sind für die feine Hundenase von größerer Bedeutung.

In jeden größeren Jagdbetrieb gehört ein auf Schweiß gut arbeitender Hund. Die wohl schönsten, aber auch anstrengendsten Erlebnisse hatte ich mit dem Schweißriemen in der Hand. Dem angeschossenen oder auch angefahrenen Wild mit dem langen Riemen nachzuhängen und nach erfolgreicher Hetze den Fangschuss anzutragen, das ist ROTKREUZ-DIENST an der geschundenen Kreatur. Natürlich hatte ich des Öfteren auch die Sorge, dass ich meinen Hund vielleicht verletzt oder gar nicht mehr wiedersehen würde, wenn ich ihm die Halsung über die Behänge zog. „Machs gut mein Hundl – Hu Hatz." Es hat sich als äußerst gut erwiesen, dass in den Hochwildhegegemeinschaften, aber auch im Flachland Schweißhund- bzw. Nachsuchenstationen installiert wurden. Je mehr Arbeit und Einsätze der Hund bekommt, umso erfahrener wird er.

Meine Hunde habe ich mit dem Fährtenschuh abgeführt. Immer wieder legte ich im steilen und auch flacheren Gelände Fährten, wobei ich stets nur tröpfchenweise Schweiß verspritzte. Unter meine Bergschuhe hatte ich die Fährtenschuhe geschnallt und dann zog ich über Almböden und Stangenholz, Wildwiese und Äsungsfläche, Kar und Dickung. Ich markierte immer wieder auch ein Wundbett, verstreute dort mitgenommenes Wildhaar und ein Paar Tropfen Schweiß, um dem Junghund das Verweisen beizubringen. Meine BGS-Hündinnen hatte ich dadurch bald so weit, dass ich den langen Riemen schleifen lassen konnte. Wenn ich merkte, dass sie zu schnell wurden, dann war „Ablegen" angesagt. Ich erzog alle meine Hunde zu einer ruhigen Suche. Mehrmals legte ich Fährten ohne einen Tropfen Schweiß und erst nach 40 Stunden wurde sie dann gearbeitet. Wenn ich bei einigen Hundeprüfungen entwe-

Erfolgreiche Schweißhunde arbeiten nicht nach Schweiß, sondern nach der Bodenverwundung. Daher hat sich die Arbeit mit dem Fährtenschuh bewährt.
Nur wenige Tropfen Schweiß reichen dann aus.

Den Hund auf der künstlichen Fährte nicht mit Schweiß „verwöhnen" - die Realität sieht anders aus.

der als Zuschauer oder als Richter mit anwesend war, musste ich mich manches Mal umdrehen, welche Schweißmengen, ohne die Fährtenschuhe einzusetzen, auf den Wald oder auch Feldboden „geschüttet" wurden. Immer wieder erkläre ich, „der Schweiß fällt nicht vom Himmel". Ihr erzieht den Hund dazu, dass er mit dem Gesicht sucht, denn die „Schweißstraße" ist bei künstlichen Fährten oft nicht zu übersehen. Dagegen stellte ich kaum einen Unterschied bei der Arbeit der Hunde auf der 40- bzw. 24-Stunden-Fährte fest. Das Wichtigste bei der Abrichtung der Hunde auf der Schweißfährte ist Ruhe und viel Lob. Wenn ich am Morgen ein einzelnes Stück Rot- oder Schwarzwild, eventuell auch einen einzelnen Gamsbock einziehen sah und ich die Fährte auch kontrollieren konnte, dann arbeitete ich mit meinen Hündinnen manchmal erst am nächsten Tag die Fährte.

Als ganz wichtig betrachte ich es, auf diesen Fährten den Hund abzutragen und nicht am Riemen von der Fährte wegzuziehen. Eine der interessantesten Arbeiten erlebte ich mit meiner jetzigen Hündin „Cilli vom Hochgall", genannt natürlich wieder die Hella. Im Oktober weilte ich zusammen mit dem Kollegen Wildmeister Waldemar Ziegler als Richter bei der Internationalen Schweißhundverbandsprüfung in Müden an der Oerze, als auf der Staatsstraße von Schliersee nach Bayrischzell ein geringer Hirsch unter die Räder eines Autos kam. Da wir zwei Schweißhundführer nicht anwesend waren, versuchte man es mit anderen Jagdhunden, jedoch ohne Erfolg. Als wir nach sechs Tagen wieder die heimischen Penaten erreichten, war es natürlich zu spät bzw. die Fährte war so alt, dass wir den Hirsch seinem Schicksal überlassen mussten. An einem frühlingshaften Märzmorgen entdeckte der Kollege Ziegler dann einen kranken Hirsch, der mit dem „Fütterungsrudel" den steilen Seeberg raufzog. Ich hatte aber gerade an diesem Tag meine Kollegen des Rechnungsprüfungsausschusses zu mir hergebeten, da die Schlussbesprechung anstand und ich diese als Vorsitzender des Ausschusses dem Gemeinderat vortragen wollte. Der Kollege Wm. Ziegler musste sich also bis zum frühen Nachmittag gedulden, ehe ich ins Bayrischzeller Revier eilen konnte. Wer den Kollegen Wm. Ziegler kennt, weiß, dass dies für den Waldemar fast eine Tortur war. Der Berg war fast schneefrei, als ich meine BGS-Hündin, dort wo der Kollege Ziegler das ca. 40-köpfige Rudel gesehen hatte, vorsuchen ließ. In ihrer ruhigen Art untersuchte die Hündin die zahlreichen Fährtenabdrücke. Auf einmal zog sie an, ja sie hatte sich auf einer Hirschfährte regelrecht festgesaugt. In Serpentinen ging es den steilen Berg rauf. Wir hatten nicht eine einzige Bestätigung

Rotwildfährten von gesunden Tieren.

der Richtigkeit der Fährte. Unbeirrbar und stramm im Riemen hängend, lag die Hündin auf einer Fährte. Ich konnte mich normalerweise auf meine erfahrene Hündin fast blindlings verlassen und hier blieb mir auch gar keine andere Wahl. Auf einmal, die Hündin führte uns über eine schmale Restschneezunge, sah ich im Firnschnee eine einzelne Hirschfährte, dabei stellte ich fest, dass der Hirsch den linken Hinterlauf nicht aufsetzte. Vor mir wurde die Hella stürmischer und gab dabei leichten Hetzlaut. Sie gab mir unmissverständlich zu erkennen, dass sie endlich geschnallt werden wollte. Kaum von Halsung und Riemen befreit, hetzte die Hündin laut der Hirschfährte hinterher. Die Hatz entfernte sich immer weiter und ihr Halbbruder „Boris vom Hochgall" arbeite in seiner unbestechlich ruhigen Art die Flucht- bzw. Hatzfährte aus. Vor uns raschelte das Laub, die Hündin war zurückgekehrt. Als junger Hund war sie einmal von einem führenden Alttier, sie war dem frisch gesetzten Kalb zu nahe gekommen, fürchterlich mit den Vorderläufen verprügelt worden. Das hatte sie einfach nicht vergessen. Nun schnallten wir den „Meister Boris", der uns zu verstehen gab, dass er nun diese Arbeit übernehmen würde. Er stupfte seine Halbschwester regelrecht an, als wollte er ihr sagen: „Komm mit!" Und dann hetzten die zwei BGS den altkranken Hirsch in einem Bergbach zu Stande. Ich werde das Bild, Gott sei Dank hatte der Waldemar sogar einen Fotoapparat dabei, niemals mehr vergessen. Der Hirsch war total abgekommen. Hier hatte ich wieder den Beweis, dass der Schweiß nur als eine Beigabe zu sehen ist. Entscheidend ist hier, das ständige Üben ohne oder mit wenig Schweiß, denn Übung macht den Meister.

Immer wieder mussten meine Schweißhunde, wenn an den Kirrungen Sauen beschossen wurden, sich die Krankfährte selbstständig heraussuchen. Nach dem Schuss ging es oft, wie bei einem Sternwerfer (Originalaussage des Freundes und Jagdkameraden Ernst Wagner), auseinander. Ich ließ meine Hündinnen nur vorsuchen.

Zu Stande gehetzt.

Hier brachte es meine selbstgezogene BGS-Hündin „Drixi von der Brecherspitz" zu Meisterleistungen. Sie hatte sich auf Sauen regelrecht spezialisiert. Wenn ich die Drixi auf Sauen schnallte, dann verstand sie es bestens, groß von klein zu unterscheiden. Frischlinge stellte sie zuerst und bei der passenden Gelegenheit packte sie den „Wutzl" an der Steckdose. Vor mir hörte ich immer wieder ein fürchterliches Gejammer und wehleidiges Klagen, ehe ich mit der kalten Waffe der Sau den Garaus machte. Gerade die Drixi, die sonst so freundlich und lieb sein konnte, war am kranken Wild eine Bestie.

Ich sehe es aber auch als meine Pflicht an, darauf hinzuweisen, dass der Nachsuchenführer, und zwar nur er, den Fangschuss abgibt, denn er ist bei einer Nachsuche zugleich auch Jagdleiter. Mehrmals sind mir schon die von unerfahrenen und schusshitzigen Jägern abgefeuerten Kugeln um die Ohren geflogen – ein Ding der Unmöglichkeit! Wenn der Schweißhund stellt, d. h. seinen Führer zum Bail ruft, dann gibt nur der Hundeführer den Fangschuss, es sei denn, es werden Jäger mit dem Auftrag vorgestellt, das kranke Stück zu erlegen, wenn es anwechselt, natürlich ohne den Hundeführer und den Hund zu gefährden.

Wie oft wurde auch schon behauptet, das Wild ist nicht getroffen, man sieht ja keinen Schweiß. Mir ist es wesentlich lieber, ich finde am Anfang keinen Schweiß, die Schnitt- und Schlaghaare werden öfters übersehen, genauso andere Pirschzeichen, sondern die Wundfährte beginnt wesentlich später zu schweißen. Ich kann es fast nicht mehr zählen, wie oft meine Hündin eine nicht färbende Fährte aufgenommen und mich letztendlich zum Stück geführt hat. „Das Glump fängt hinter dem Schaft an", pflegte der große Schweißhundmann, Wildmeister Wolfgang Kampa zu sagen. Wie recht er doch hatte!

Welche Argumente und Ausreden herhalten mussten, wenn mein Kollege Kaspar Ritter oder ich wieder einmal zu einer Nachsuche

Der Schweißhundführer ist verschwiegener als Ihr Beichtvater, denn Ehrlichkeit ist hier zum Wohle des Tieres absolut notwendig, auch wenn man sich seines Fehlers schämt.

Nach vielen Jahren schenkte mir Heinz Bauschke dieses Foto von einer Internationalen Prüfung in Morbach, welche wir mit 204 Punkten beendet hatten.

gerufen wurden, geht nicht mehr auf die so oft strapazierte Sauschwarte oder Hirschdecke. Viele Blattschüsse, so behaupteten die meisten Waidmänner getroffen zu haben, gingen von der „Steckdose" bis zu den hinteren Schalen. Es lag mir fern, hier zu kritisieren, ich sah meine Aufgabe in der Erlösung der geschundenen Kreatur. Nachsuchenarbeit ist Schwerstarbeit.

Anlässlich einer Internationalen Schweißhundprüfung, ich war als Richter bei einer sehr schwierigen Nachsuche auf ein laufkrankes Alttier mit dabei, kam es zu einer äußerst interessanten Hundearbeit. Nach einer sehr langen Riemenarbeit musste ein älterer BGS-Rüde aus einer schweizerischen Zucht aufgeben. Der Reservehund, der nachgeführt wurde, kam nun zum Einsatz. Es handelte sich um den HS „Hallo vom Hessenwald", genannt Hirschmann, mit seinem trefflichen Führer und späteren Zuchtwart der Hannoverschen Schweißhunde, FAR Wilhelm Puchmüller, aus der berühmten Hochwildjagd des Sauparks Springe. In einem sehr steilen Gelände wurde nach einer sauberen Riemenarbeit, Hirschmann zeigte seinem Führer, dass er nun endlich die störende Halsung samt Riemen loswerden wolle, zur Hetze geschnallt. Ich machte mir mehr Sorge um den Führer als um den zur Hatz geschnallten HS Hallo. Wilhelm Puchmüller war mit Gummistiefeln in den Berg eingestiegen und er saß mehrmals auf dem Hosenboden, wenn im steilen Gelände die Bodenhaftung ausblieb. Mühsam stiegen wir, ich war ja bergerfahren, zum Talboden ab. Beide Richterkollegen und auch ich waren in dem festen Glauben, dass die Hetze in diesem steilen Gelände niemals nach oben gehen würde. Aber wir hatten die Rechnung ohne den Wirt gemacht. Nach langem Umweg zogen Wilhelm Puchmüller und ich in das nächste Tal rüber. Weit oberhalb von uns, aus dem schroffen Bergwald, rief Hirschmann uns zum gestellten

Alttier. Wir beide nahmen die Füße unter die Arme und eilten dem Bail zu, denn die Dämmerung hatte schon stark zugenommen. Nochmals rüdete Wilhelm Puchmüller seinen scharf stellenden HS an. Der Standlaut war verstummt und uns zwei umfing das berühmte Schweigen im Walde. Immer wieder rief der Wilhelm nach seinem HS, doch ohne Erfolg.

Aus den abgelegten Kotzen und Wettermantel bauten wir Hallo schließlich ein Bett und stiegen in großer Sorge um ihn vom Berg. Welche Gefühle und Gedanken einem hier in dieser Situation durch den Kopf gehen, kann nur der verstehen, der so eine ähnliche Situation schon einmal erlebt hat. Mit schweren Gedanken fuhren wir ins Hauptquartier nach Landeck, die Richterbesprechung war anberaumt. Bei stockdunkler Nacht fuhren wir noch einmal in den Berg und schauten auf dem provisorischen Hundebett nach Hirschmann. Es war immer noch leer. Wilhelm und ich hatten eine schwere Nacht durchzustehen. Am nächsten Morgen lag

Wenn der Hund nicht zu finden ist, lassen Sie ein Kleidungsstück liegen, damit der Hund weiß, dass er dort zuhause ist und sein Führer ihn nicht vergessen hat.

Zur Hetze geschnallt.

Hirschmann, Hubertus hab Dank, auf seinem zusammengetauten Hundebett und schlief den Schlaf des Gerechten. Mit grimmiger Wut, aber etwas steifläufig, stürzte sich Hallo, er führte seinen Herrn und Führer zur Wundfährte, auf die Arbeit. Nach einer großartigen Riemenarbeit im kirchendachsteilen Gelände fuhr unter einer weit ausladenden typischen Bergfichte das Alttier aus dem Wundbett. In dieses Gelände ließ ich den Wilhelm mit den Gummistiefeln nicht mehr einsteigen. Ich schnappte mir vom uns begleitenden Berufsjäger dessen Bergstutzen, drei Patronen und stieg ins vereiste Gelände ein. Vor mir ertönte in steter Regelmäßigkeit der Standlaut von Hirschmann. Unter einer Felswand hatte der HS zu Stande gehetzt. Ich konnte den Fangschuss nicht antragen, ohne den Hund zu gefährden. Nochmals brach das Alttier nach unten aus und endlich kam aus dem etwas flacheren Gelände wieder der Standlaut zu mir herauf und bald darauf der erlösende Fangschuss. Mit eingespreiztem Bergstock rutschte ich zu Hirschmann runter, der über dem Alttier stand und seiner unbändigen Wut freien Lauf ließ. Es flogen die Haare und ich rief Wilhelm Puchmüller, wir lagen uns wegen der sauberen Arbeit in den Armen, zu: „Wilhelm, er frisst's." Am Stück angekommen stellte ich zu meiner und zur allgemeinen Zufriedenheit aber fest, dass er das Stück nur rupfte.

Wilhelm machte seinen HS Hallo vom Hessenwald dann noch mit dem zerteilten Herz des Alttieres genossen. Als Dank dafür kotzte der Hund die Mahlzeit dann ins Auto! – Machte auch nix, wir waren froh, keine Invaliden zurückgelassen zu haben.

Bei dieser „Internationalen" hatten wir drei punktgleiche erste Preise zu vergeben. Meine Jagdkameraden klärte ich dahingehend auf, dass es mir egal ist, ob vorne am Strick ein Preuße (Hannoverscher Schweißhund) oder ein

Bayer (BGS) arbeitet, es darf auch eine andere Rasse sein. Ich habe auch schon großartige Schweißarbeiten von Dachsbracken gesehen. Die Hauptsache ist doch, dass wir die geschundene Kreatur von ihrem Leiden erlösen und der Waidgerechtigkeit und dem Tierschutz dienen.

BGS Hella am gefundenen Stück.

Bewegungsjagden

Mit meinen Freunden Thomas Dichtl und Franz Eirenschmalz darf ich nun schon einige Jahre eine Bewegungsjagd in Hohenfels abhalten. Auf diesem Truppenübungsplatz gibt es noch reichlich Rotwild (es gab mal zu viel).

Am Vorabend der zweitägigen Jagd hält Forstdirektor Dr. Perpeet uns immer einen Lichtbildvortrag und ermahnt die Jäger eindringlich, die vorgegebenen Vorschriften einzuhalten, besonders weist er immer wieder darauf hin, das rudelführende Alttier nicht unter Feuer zu nehmen. Dann erkläre ich, wie man das rege gemachte Rotwild zum Halten bringt, nämlich mit dem nasalen Laut des Alttieres oder mit dem Häherruf. Erst dann und nur dann suche ich mir das richtige Stück heraus (erst Kalb, dann Alttier). Leider sind immer wieder schusshitzige „Auchjäger" dabei, die es einfach nicht erwarten können und das erste Tier, das aus dem Einstand kommt, unter Feuer nehmen. Anlässlich einer solchen Jagd, ein einziger Jäger hatte sich nicht an die Spielregeln gehalten, beschlossen der Jagdleiter und ich, den üblen Schießer, der einen Halbautomaten führte, heimzuschicken. Dies würde ich noch einigen Jagdleitern zur Nachahmung empfehlen. Es kann, ja es darf nicht sein, dass statt des angesprochenen Schmalspießers ein Steinbock daliegt, so geschehen auf einer Drückjagd im Berg. „O Herr vergib ihnen, denn sie wissen wirklich nicht, was sie tun oder taten."

So ein mutterloses Kalb ist beklagenswert. Vom Rudel ausgestoßen, in der Nähe des Einstandes herumschleichend, kennt es die Fütterung noch nicht und in seiner Not verbeißt und schält diese arme Kreatur. Auf die Folgen brauche ich nicht mehr hinzuweisen. Manchmal passiert es auch, dass die Hirsche so ein ver-

---

Um Zeit zum Ansprechen und zum Antragen eines sicheren Schusses zu bekommen, kann Rotwild zum Beispiel mit dem imitierten Ruf des Hähers zum Stehen gebracht werden.

Niemals das erste Tier, welches aus dem Bestand wechselt, unter Beschuss nehmen!

Jagdleiter müssen den Mut haben, Fehlverhalten konsequent anzusprechen, damit das Niveau der Jagd erhalten bleibt.

Falsche Bejagung kann zu erheblichen Schäl- und Verbissschäden führen.

waistes armes Tier aufnehmen, dass sie Erbarmen mit diesem armen „Verreckerl" haben und das geschundene Tier durch den Winter bringen. Jedoch Zeit seines Lebens ist diese Kreatur in seiner Entwicklung gehemmt, sowohl psychisch wie physisch, und das nur, weil ein erbarmungsloser Schießer sich nicht beherrschen konnte.

Vor kurzer Zeit erzählte mir ein Revierleiter, dass er auf dem Truppenübungsplatz Hohenfels drei verwaiste Kälber erlegt hat. Das geringste Kalb brachte gerade 14 Kilo auf die Waage, die zwei anderen Kälber waren von ähnlicher Statur. Was diese armen Tiere mitgemacht hatten, ehe sie von ihren Leiden und Sehnsüchten nach der führenden Mutter erlöst wurden, kann sich kaum einer vorstellen. Herrgott noch einmal, ist es denn so schwer abzuwarten, bis der Rudelverband ausgezogen ist, um dann sauber und waidgerecht, dies heißt vor allem tierschutzgerecht, mit einer sauberen Kugel das Wild zu erlegen?

Welches Stück ist hier das richtige? Zeit lassen und richtig Ansprechen ist wichtiger als Beute machen!

41

Bei den Bewegungsjagden in Hohenfels wird von der Jagdleitung auch Rehwild zum Abschuss freigegeben. Immer wieder konnte ich beobachten, wie meisterhaft sich Rehwild drücken kann. Bei den Jägern des Schwarzwaldes wird auch auf Rehwild geriegelt. Und ich muss sagen, es ist eine feine Jagd und eine absolut sichere Art, den Abschuss zu tätigen. Das Rehwild, von Dackeln und Terriern hoch gemacht, zieht unbekümmert aus seinem Einstand, macht Widergänge und zieht wieder in seinen Einstand zurück. Ich habe bei den Jagden in Hohenfels schon mehrmals ohne großen Aufwand Kitz und Geiß erlegt, aber man halte sich an die Reihenfolge. Wenn schon das Re-

Bei Drückjagden möglichst kurzläufige Hunde einsetzen, um Wild nur zu beunruhigen - gehetztes Wild kann nicht sauber genug angesprochen und erlegt werden und schmeckt außerdem nicht so gut.

Auch Rehwild kann auf Drückjagden freigegeben werden. Hier gilt wie immer: ERST Kitz - DANN Geiß.

vier oder ein Revierteil beunruhigt wird, dann frage ich mich, was spricht denn dagegen, auch hier den Rehwildabschuss mit zu erledigen. Mein Schwiegervater, ein sehr erfahrener und verantwortungsbewusster Waidmann, er war Pächter einer Rehwildjagd im Schwarzwald, lud seine Freunde immer zu einem „Rehwild-stamperer" ein und der Erfolg gab ihm recht. Seine Rauhaardackeline, die Hexi, verkündete uns mit ihrer hellen Stimme immer wieder, dass sie gefunden und am „jagern" war. Man konnte sich in Ruhe richten und auf einmal zottelte und stampfte eine Rehgeiß mit ihren Kitzen daher. Feine Jagd!

Mir ist völlig klar, wir haben eine enorme Verantwortung auch dem Wald und seinen Schutzfunktionen gegenüber und ich weise auch immer darauf hin, dass wir nicht an den Knochen, die wir uns an die Wände hängen, gemessen werden, sondern daran, welche Wälder wir hinterlassen. Dass es z. T. zu Diskrepanzen kam, lag an Fehlern auf beiden Seiten, sowohl der Forstpartie als auch der Jägerschaft. Man hat im blinden Gehorsam einer falschen Forstideologie, d. h. Fichtenreinbeständen, wo nicht mal eine Maus leben kann, das Wort geredet und die Taten folgen lassen. Mit dem lindanhaltigen Tormona hat man Jungbuchen angestrichen und stärkere Buchen geringelt. Im Hochsommer standen dann die braun gefärbten Buchen in unseren Wäldern. Dazu waren die Wildbestände auch noch zu hoch. Dass es hier fast zu einem Kollaps kommen musste, lag oder liegt auf der Hand. Die Jägerschaft hat das eingesehen und in ehrlicher Absicht die Wildbestände dementsprechend gesenkt. Ich höre heute noch die eindringlichen und mahnenden Worte unseres unvergessenen Hochwildhege-ringleiters Hans Hohenadl. Dieser großartige und auch großzügige Forst- und Waidmann hat uns Berufsjäger fürwahr unter seinen schützenden weiten Wettermantel genommen, aber er hat uns auch dazu verpflichtet, den ausgehandelten und von uns akzeptierten Abschuss unbedingt zu erfüllen.

In Hohenfels und auch in Grafenwöhr ist es gelungen, eine erfolgreiche Bewirtschaf-

„Wald vor Wild" ist genauso unsinnig wie „Wild vor Wald". Ein gesunder Wildbestand lässt den Wald wachsen. Übergroße Bestände nützen weder Forst noch Jagd. Wie immer ist der Mittelweg der gesündeste.

Engagierte Förster und Jäger finden den Ausgleich in der Wald-Wild Diskussion.

Der Einsatz von guten Hunden auf Bewegungsjagden ist ein wichtiger Erfolgsfaktor.

tung des Gebietes im Sinne des Grundsatzes WALD UND WILD einzuführen und ich ziehe mit Ehrfurcht meinen Hut vor Dr. Markus Perpeet (Hohenfels) und Ulrich Maushake (Grafenwöhr), die dieses Kunststück zuwege gebracht haben.

Rufjagden

Glücklich der Jäger, Forstmann oder Berufsjäger, der die Sprache der Tiere versteht. Aufgrund meiner Musikalität kann ich, aber es gehört auch viel Eifer dazu, besonders die Sprache der Hirsche imitieren. Es ist eine gehörige Zahl, ich kann sie gar nicht mehr zählen, von Hirschen, die ich hergetrennt, hergeschrien und zum Zustehen gebracht habe.

Erst im letzten Jahr, es war für mich wieder ein besonderes Erlebnis, konnte ich einem Jagdherrn zu einem starken Hirsch verhelfen. Auf einer Hochalm mit anschließenden steilen und wilden Gräben lag ein besonders guter Brunftplatz. Mittags erschien der Jagdpächter und bat mich, da er zwar einige Hirsche hören, doch derer nicht ansichtig werden konnte, zu kommen und die Hirsche herzurufen. Unterhalb einer Almhütte hatte der Berufsjäger Christian Millauer eine pfundige Hock gebaut. Mit dem Untergehen der Abendsonne setzte das Hirschkonzert ein. Ich setzte mich einige Meter weiter weg unter eine kurzstumpfige Jungfichte. Zuerst markierte ich den Hirsch, der noch in Ruhe sitzt, Kahlwild bei sich hat und so vor sich hinbrummt. Mit meiner sehr tiefen Stimme brummte ich immer wieder zu den wilden Gräben rüber. Mehrere Stimmen setzten nun ein und gaben mir herausfordernde Antwort. Nun markierte ich einen hoch gewordenen Hirsch, der einen Beihirsch oder Nebenbuhler verjagt. Danach mit grollendem Bass einen Hirsch, der sein Rudel zusammentreibt. Auf dem Brunftplatz steil unter uns erschien der erste Hirsch, der aber noch einige Jahre vor

Zwei Faktoren bestimmen den Erfolg einer Rufjagd:
- Beobachtung der Natur
- Viel Übung

Zur Vorbereitung der Rufjagd auf Rotwild empfiehlt es sich, ein Seminar zu besuchen.

Lautäußerungen des Rotwildes:

Platzhirsch: Hirsch hat sein Rudel in Besitz.

Suchender Hirsch: Lang gezogenes „Jammern".

Sehnsüchtiger Ruf des Beihirsches: Ähnlich dem suchenden Hirsch (nur dass er gefunden hat, aber nicht darf).

Kampfruf: Der Platzhirsch schmeißt dem suchenden Hirsch den Kampfruf entgegen, um zu zeigen, wer Herr im Hause ist.

Sprengruf: Der Hirsch treibt ein brunftiges Tier oder sein Rudel zusammen.

Trenzen: Der Hirsch zieht noch nicht in voller Brunft hinter Alttieren her.

Brummler: Im Ruhezustand brummelt der Hirsch vor sich hin.

Mahnen des Alttiers: Das Alttier ruft das Kalb.

Schrecken: Bei Gefahr schreckt das Alttier.

sich hatte. Immer wieder und immer näher kamen die Antworten. Der Berg kochte, als ich weiter den Platzhirsch markierte. Auf einmal zog unter uns ein sehr alter Hirsch sehr flott zu den Gräben rüber, er war auf den Ruf hin zugestanden. Nun zog ich alle Register meiner Rufarien, Kampfruf, Sprengruf, treibender Hirsch unterbrochen vom nasalen Mahnen des Alttieres. Sehr schnell brach nun die Dämmerung herein, wir konnten nicht mehr sauber ansprechen und stiegen ab. Am nächsten Morgen waren wir wieder am Berg und Brunftplatz. Die Hirsche hatten ihre Tiere bereits zu Holze getrieben. Wir wechselten den Platz. In einer wild zerklüfteten Altfichte hatte der Revierjagdmeister eine sehr hohe Kanzel gebaut. Der erste Aufstieg 5 Meter, dann ein Podest und dann nochmals 5 Meter. Wie in einem Adlerhorst saßen der großartige Jagdherr Rainer Schuster und sein Berufsjäger. Ich blieb am Boden und konnte in den steil aufsteigenden Südhang, unterbrochen von Jungfichten und auch alten Baumriesen, blicken. Kaum waren die Jagdkameraden oben, begann ich mit dem Rufkonzert. Innerhalb einer kurzen Zeit, ich markierte wieder den Platzhirsch, konnten wir drei Hirsche anschauen und auch ansprechen, die in den steilen Hang zogen. Zwei der Hirsche waren alt genug, standen aber viel zu weit weg für einen verantwortlichen Schuss. Das Kahlwild stand bereits im Einstand, der Althirsch war der Pascha und der Wind fing an, sich langsam zu drehen. Wir mussten absteigen, denn wenn die erfahrenen Alttiere eine Nase von unserer Witterung bekommen, dann kann man zusammenpacken. Über den steilen Hang trollte noch ein geringer Beihirsch, ehe auch hier die Fichtenäste hinter dem gespreizten Hirschwedel zusammenschlugen. Wir stiegen ab. Am Abend konnten wir nicht in den Steilhang einsteigen, der Wind, der Feind des Jägers, aber der Freund des Wildes, wollte sich

heute einfach nicht drehen. Unverrichteter Dinge zogen wir auch heute wieder vom Berg.

Am nächsten Morgen stiegen wir gleich zur Hochkanzel im steilen Graben und Südhang auf. Langsam brach die Morgendämmerung über den Berg herein. Die Bergspitzen von Wendelstein, Seeberg und Miesing glänzten im ersten Morgenlicht. Ein Traummorgen erwartete den Bergjäger. Vor und neben uns tobten die Hirsche, die sieben heiligen Tage des Jagdjahres waren angebrochen. Immer wieder entlockte ich meinem Eifelhirschruf die herausfordernden Rufarien der Hirsche. Immer näher zog uns ein Hirsch am Südhang entgegen. Auf einmal stand oben am Hang ein starker Althirsch. Im nächsten Augenblick stand der nächste Hirsch im Hang. Mit schweren Schlägen fuhren sich die zwei Kontrahenten in die Parade. Vor uns, jedoch noch viel zu weit, spielte sich ein durch Mark und Bein gehender Hirschkampf ab. Der alte Vierzehner hatte sich behauptet und trollte seinem Harem nach. Nun kam meine Stunde. Immer wieder grollte und trenzte ich zum Steilhang rauf, schlug mit dem Bergstock in die Äste und ließ wie ein treibender Hirsch Steine hinabrollen. Auch das Mahnen des Alttiers markierte ich

Kämpfe unter den Rivalen sind ein faszinierendes Schauspiel der Natur.

noch. Auf einmal stand der kurz vorher abgeschlagene Althirsch mit heraushängendem Lecker etwas tiefer im Hang, er war zugestanden.

Immer wieder grollte ich den Kampfruf zum heräugenden Zwölfer. Der junge Kollege war sich nicht sicher, erst als er die obere Leiter zu mir herunterstieg und ich ihm erklärte: „Schießen", setzte der Jagdherr dem Althirsch die 7 x 75 vom Hofe, es waren immer noch 275 Meter, auf die Blattschaufel. Wie ein Kartenhaus fiel der Hirsch in sich zusammen und rutschte und schlitterte zuerst noch mit erhobenem Haupt, während der Abfahrt hat er dann das Zeitliche gesegnet, zu uns runter. Steine kullerten noch nach, Äste schlugen gegeneinander und ich begann sofort wieder zu schreien und zu trenzen, denn das andere Wild soll den Zusammenhang von Schuss und Tod nicht so eindringlich erleben. Lange blieben wir nicht mehr sitzen, ehe der Jagdherr zum Althirsch trat. Aus einem weiten Farnfeld ragten die Stangen des Hirsches. Mit dem Hut in der Hand stand der Erleger vor einem seiner besten Berghirsche. Mächtige dicke Stangen, die bis oben geperlt waren, aufgesetzt auf gewaltigen Rosen! Es war mir eine große Ehre, dem Waidmann und Jagdherrn den Bruch zu überreichen. Wir hatten einen typischen Berghirsch erlegen dürfen. Das Liefern des schwerrumpfigen Hirsches war dann noch eine besondere Schinderei, einmal kugelte ich wie ein Schneeball den Steilhang in einen Graben runter, es war mir aber nichts passiert, Unkraut vergeht nicht, ehe der Hirsch in der Wildkammer hing und wir ausgebrannt, ausgelaugt, durstig und hungrig wie die Kirchenmäuse, die gebührende Hirschfeier vollzogen.

Zwei Tage darauf trat mein Nachfolger mit der gleichen Bitte an mich heran. In einem weiten Tal brunfteten zwei Hirsche, doch keinen konnte er bis dato ansprechen. Beim Reingehen in das wunderschöne Klooaschau Tal glaubte ich von einem Bergrücken her, den brummenden Ton eines Hirsches gehört zu haben. Ich war mir zwar nicht ganz sicher, denn meine

Auch bei der Rufjagd gilt es, die Tradition und vor allem das Geschöpf zu achten.
Dazu gehört:
- Der letzte Bissen
- Der Inbesitznahmebruch
- Der Erlegerbruch

„Gehöre" sind im Laufe der Jahre etwas stumpfer geworden. Meine Frau behauptet immer, ich höre nur das, was ich hören will und sei kommod ohrig. Das stimmt aber nicht!

Der brunftende Hirsch ist laut! Er rumpelt auf der Suche nach dem vermeintlichen Rivalen durch Gebüsch, tritt Steine locker, scherzt!
All das kann der erfahrene Rufjäger mit einfachen Mitteln imitieren.

Ganz in der Nähe hatte der Revierjagdmeister Engelbert Holzner eine Ansitzkanzel errichtet. Es war noch heller Tag, als der Engelbert mit einem Jagdgast die Kanzel bestieg. Kaum saßen die zwei, fing ich sofort mit dem Ruf des Platzhirsches an. Ich hatte mich nicht getäuscht, denn vom Waldkopf her kam grantige Antwort. Der Ruf des Platzhirsches schallte erneut über die schmale Wald- und Wildwiese. Oberhalb von uns gab der Hirsch nun schon etwas gereizter Antwort. Jetzt zog ich alle Register meines Repertoires. Mittlerweile war meine Drossel, gleich einem abgebrunfteten Hirsch, rau geworden. Mit dem Bergstock schlug ich in die Äste, ließ Steine auf der Forststraße rollen und markierte immer wieder mit dem Kampfruf „Kimm no her Bürscherl – dir zeig ich es schon", so ähnliche Gedanken gingen mir durch den Kopf. Im nächsten Augenblick stand in der schmalen Schneise, die sich dachsteil zum Waldkopf raufzieht, ein Hirsch. Zuerst glaubten wir, es sei ein junger Hirsch, der im nächsten Augenblick wie ein Dieb die Schneise verlassen hatte. Erst als er wegzog, wurde uns klar, dass wir einen Greis vor uns gehabt hatten. Nochmals fing ich mit dem Hirschkonzert an. Im nächsten Augenblick stand der Hirsch wieder in der Waldkopfschneise. Auch dieser Hirsch brach im nächsten Augenblick, von einer sauberen Kugel getroffen, augenblicklich zusammen. Es war ein mühsamer Aufstieg, ehe wir beim Hirsch standen. Vor uns lag in einer majestätischen Pose ein uralter Hirsch mindestens vom 15. Kopf. Innerhalb von einer halben Stunde war uns der Erfolg beschert. Der Engelbert brachte die Abwurfstangen, der Hirsch hatte bereits stark zurückgesetzt. Doch so einen Hirsch edelt das Alter.

Die Hirschbrunft ist immer wieder ergreifend.

Das Rotwild

Nachdem die nötigen Frühjahrsarbeiten im Revier getan sind, sollte die Bejagung der Schmaltiere und geringen Schmalspießer beginnen. Das Alttier hat sich zum Setzen des neuen Lebens zurückgezogen und die Unerfahrenheit von Schmaltier und Schmalspießer gilt es ohne große Beunruhigung für das andere Wild zu nutzen. Auf meinen zahlreichen Brunftplätzen herrschte vor der hohen Zeit der Hirschbrunft absolute Ruhe. Es kann und es darf einfach nicht sein, dass ich dem Hochwild in der schneereichen Jahreszeit noch nachjage.

Den Unverbesserlichen stelle ich immer wieder die Frage: Was ist besser; wenn ich den Sommer über bereits einen großen Teil des Kahlwildabschusses tätige oder wenn ich das Wild auf den Wechseln zur Fütterung „über den Haufen schieße"? Das Schlimmste dabei ist aber, wenn mir aus der geöffneten Bauchhöhle ein katzengroßer Embryo entgegenkugelt, weswegen ich stets sehr zeitig mit dem Abschuss begonnen habe. Optimal ist es, wenn 40 % des vorgeschriebenen Abschusses schon im Sommer erledigt werden und das Wild deshalb ohne Angst zu den vollen Raufen und Silagetischen ziehen kann.

Kein schöner Anblick, aber leider nicht immer zu vermeiden: Rotwildembryo am erlegten Stück.

Es wird aber auch Zeit, mit der unsinnigen Kraftfuttermästerei aufzuhören. Gerade in der kalten Jahreszeit reduziert Rotwild seinen Energieverbrauch und kann so durch den Abbau von Pansenzotten die übertriebene Eiweißgabe gar nicht verwerten. Wir müssen uns dem natürlichen Kreislauf fügen. Wir haben schon genügend manipuliert und dabei mit unseren zerstörerischen Taten genug angestellt.

Den uneinsichtigen Hetzjagdbefürwortern, die im Winter das Wild aufrühren, empfehle ich, sie sollten sich einmal die grausamen Bilder vor Augen führen, wenn das Rotwild mit weit aufgerissenem Äser, heraushängendem Lecker, keuchendem Atem und zittrigen Flanken durch die Einstände flüchtet. Dies ist nicht Jagd, sondern eine wilde, ja brutale Hetze. Die Verantwortlichen sollte man, auch was den finanziellen Schaden anbelangt, zur Rechenschaft ziehen. Während der normalen Jagdzeit – nicht in der Notzeit – habe ich mich nie gegen eine vernünftige Reduktion der überhöhten Wildbestände gewehrt. Ich sehe es als verantwortlicher Wildmeister auch als meine Pflicht an, das Wort Reduktion richtig zu deuten. Reduktion heißt: Zuerst erlege ich das Kalb, dann das Alttier – man beachte aber bitte die Reihenfolge. Dann breche ich das Alttier auf, über meine Hände läuft die Milch und aus der Bauchhöhle ziehe ich den Embryo. Bei solchen Maßnahmen hat es mich immer gefroren, auch ich habe ein Herz im Leib, aber ich habe mich gegen solche Jagdmethoden nie gewehrt – es musste einfach sein.

Das „Stuckjagern" ist etwas für Kenner und für Könner. Gerade das Mutterwild ist der entscheidende Erbträger.

Ich habe sowohl am Berg als auch im Flachland zwei grundverschiedene Typen erlebt. Die ramsnasigen Typen, sehr stark ausgeprägt auch bei den Alttieren, rechnete ich zur edleren Sorte. In der Regel führten sie die starken Kälber und viele meiner hergehegten und hochgeschätzten Hirsche stammten von solchen „Mutteln" (Werdenfelser Ausdruck für das Alttier). Sie hatten das gleiche „GSCHAU" wie ihre Mutter. Die Alttiere mit dem himmelriechenden

Keine Kraftfuttermast. Rotwild kann im Winter kein Kraftfutter verdauen!

Abschuss so früh wie möglich erledigen!

Keine Jagd in der Notzeit. Das heißt, in der Regel sollte der Abschuss bis Ende Dezember erfüllt sein.

53

Zum Kahlwild-Jagern gehört viel Erfahrung.
Die ramsnasigen Alttiere führen in der Regel die stärkeren Kälber.

Spätestens nach der Hirschbrunft sollte man sich intensiv dem Kahlwildabschuss widmen.

Großräumig abgestellte Bewegungsjagden haben sich als ideale Bejagunsform herausgestellt und gewährleisten dem Rotwild über weite Teile des Jahres Ruhe.

Gschau habe ich versucht zu bejagen. Sie waren im Wildbret wesentlich schwächer und führten auch geringere Kälber. Die Unterscheidung der beiden Typen erfordert Erfahrung, aber ich bin mit dieser Methode immer gut gefahren. Gleich nach der Hirschbrunft versuchte ich den dringend nötigen Abschuss beim Kahlwild zu erfüllen. Viele Jahre ist uns (Förster Fackler und mir) das auch gelungen. Mit eiserner Disziplin und Durchhaltevermögen haben wir hier wirklich scharf „gjagert". Wie froh waren der Max und ich, wenn wir sagen konnten: „Abschuss erfüllt!"

Ich empfehle aber besonders die Jagdmethode, wie sie auf dem Truppenübungsplatz Hohenfels zur Anwendung kommt, nämlich weiträumig abgestellte Bewegungsjagden. Wenn man bedenkt, dass in Hohenfels innerhalb von ca. 50 Stunden fast 500 Stück Rotwild, das sind ca. 85 % des Gesamtabschusses, erlegt werden, dann kann man diese Jagdmethode nur begrüßen. Mit kurzläufigen Hunden und wenigen Durchgehschützen wird das Wild beunruhigt und auf die Läufe gebracht. Weiträumig werden Jäger, eine gewisse Erfahrung sollte schon mitgebracht werden, angesetzt. Nach den Jagden stehen erfahrene Nachsuchengespanne zum Abruf bereit. Auch hier ist es mir egal, welcher

Jägern mit wenig Erfahrung kann ein erfahrener Begleiter zugeordnet werden - so können auch unerfahrene Jäger an das richtige Ansprechen herangeführt werden.

Rasse der Nachsuchenhund angehört. Ich habe hier großartig arbeitende BGS und auch Dachsbracken erlebt. Wie viel Idealismus von den Nachsuchenführern verlangt wird, kann sich nur der vorstellen, der wie ich immer wieder den Schweißriemen in die Hand nahm und der Wundfährte nachhing.

Eine ausreichende Zahl an Nachsuchengespannen sollte immer zur Verfügung stehen.

Im zeitigen Frühsommer begann ich mit dem Abschuss von Schmaltieren und auch geringen Schmalspießern. Wenn ein einzelnes Alttier, „a Stuck", aus dem Einstand zog und es hatte einen dünnen Träger und auch noch eine ausgeprägte Drossel, dann handelte es sich um ein

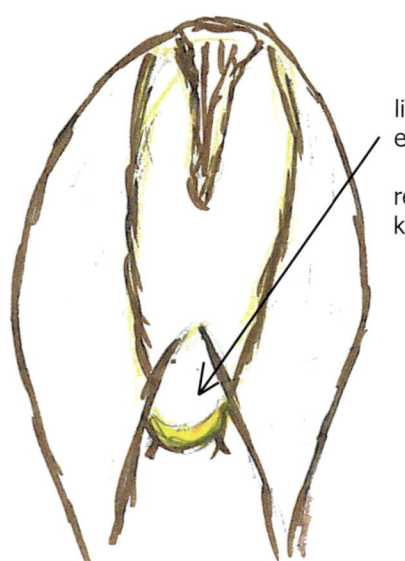

Ein abgekommen aus dem Einstand tretendes Alttier ist nicht selten führend - daher Vorsicht vor der Schussabgabe.

führendes Alttier. Das Stuck gibt seine ganze Kraft dem Kalb. Es wird regelrecht ausgesaugt. Wenn sich das Alttier dann noch dreht und man kann einen Blick zwischen die Schlegel werfen,

links: Führendes Alttier, gut erkennbar am Gesäuge.

rechts: Nichtführendes Alttier - kein Gesäuge erkennbar.

dann sieht man ganz deutlich die Spinne. Genauso sieht man beim ziehenden Alttier, wenn ein Hinterlauf vorwärts strebt und der andere Hinterlauf zurücksteht, die Spinne. Bei einem nicht führenden Alttier sind die Stellen, wo das Gesäuge liegt, spitz zulaufend, während bei einem führenden Alttier, eine deutliche Rundung, genau hier liegt das Gesäuge, vorhanden ist.

Lassen Sie mich noch etwas über alte Hirsche sagen. Nach dem Gesetz ist ein Hirsch mit 10 Jahren jagdbar. Dies ist gelinde ausgedrückt und auf Bayerisch gesagt „a Schmarrn". In meiner über 40-jährigen Dienstzeit habe ich viele Hirsche nicht nur gesehen, sondern auch hergehegt. Meine Kollegen und ich haben alle festgestellt, dass vor allem der Berghirsch erst mit ca. 14 bis 15 Jahren seinen Entwicklungshöhepunkt erreicht hat. An den Fütterungen konnte ich „meine Hirsche" jahrelang beobachten und immer wieder bekam ich die Bestätigung meiner Aussagen. Mir dreht sich manchmal der Magen um, wenn von unerfahrenen „Bleistiftjägern" Behauptungen aufgestellt werden wie: „Der Hirsch ist steinalt!", obwohl er erst als zehnjährig von mir oder einem Kollegen gehegt und erkannt wurde. Solche Leute geben sich dann selbst noch als Experten aus, obwohl sie noch nie ein Hochwildrevier betreut, geschweige denn geführt haben. Dort, wo diese selbst ernannten Experten mit ihrem angelesen „Fachwissen", ihrem theoretischen Dummgeschwafel aufhören, dort beginnt erst die Praxis.

Meine besten Hirsche trugen mit dem 13. bis 15. Kopf ihr bestes Geweih. Mit dem 7. Kopf ist der Hirsch mit der körperlichen Entwicklung fertig, er zeigt bis dahin nur seine Veranlagung und dann geht er „ins Geweih", wie der von uns allen geschätzte jagende Baron, Ludwig Benedikt Freiherr von Cramer-Klett – diesen Mann kann man als Experten bezeichnen – sich ausdrückte. Ein Bauer schlachtet auch

Reife Hirsche sollten mindestens den 12. Kopf tragen!

Die besten Hirsche sind vom 13. bis 15. Kopf.

Bestens veranlagter, aber noch zu junger Hirsch.

seinen bestens vererbenden Stier nicht schon, wenn er dem Höhepunkt seiner körperlichen Entwicklung zustrebt. Wenn ich landauf und landab die vielen Trophäen-, pardon Hegeschauen mir anschaue, dann kann ich nur noch den Kopf schütteln. Öfters brummle ich vor mich hin: „O Herr vergib ihnen, denn sie wissen nicht, was sie tun." Welche Ausreden hier dann für die Erlegung herhalten müssen, ist unglaublich. Eine der schlimmsten ist: „Wenn ich nicht geschossen hätte, dann hätte es der Nachbar gemacht." Auf einer dieser Trophäenschauen war ein mächtiger ungerader Vierzehner, ein äußerst edles Geweih, zu sehen, der Hirsch hatte aber erst sein neuntes Stangenpaar geschoben: „Ja der Hirsch musste erlegt werden, weil er auf der rechten Seite kein Eisend trug." Ich kann es manchmal nicht mehr hören, mir wird bei so einem einfältigen Geschwätz speiübel. Ich frage mich dabei aber immer wieder, warum wir eine Hegegemeinschaft ins Leben gerufen haben? Soll dieser Zusammenschluss als Feigenblatt herhalten?

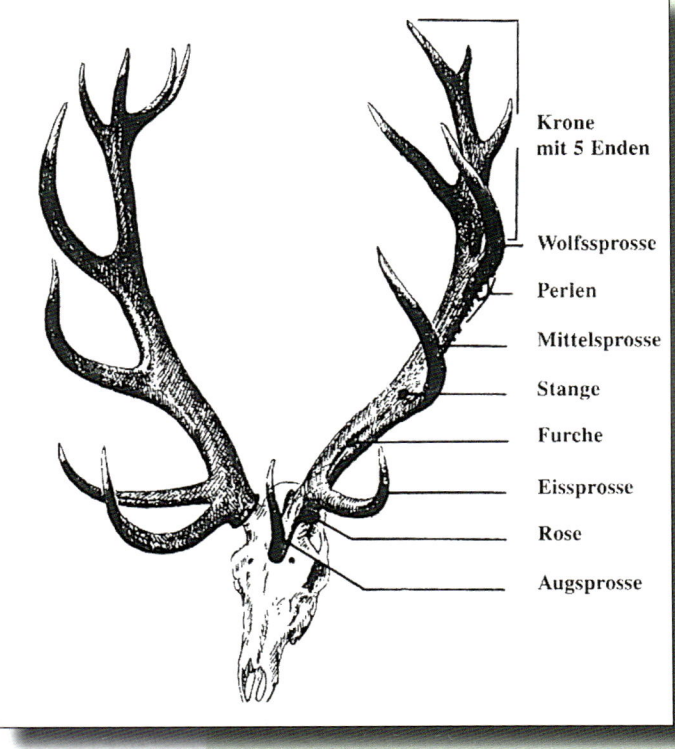

Begriffe beim Geweihaufbau
(aus: Harald Drechsler, Rotwild konkret, Verlag J. Neumann-Neudamm)

Gerade in einem sozial aufgebauten Rotwildbestand ist der alte Hirsch, genauso das erfahrene Alttier, ungemein wichtig. Das sensible Rotwild ist mit feinen Sinnen ausgestattet und unterliegt einem stark ausgeprägten Sozialverhalten. Bei einem Riegler, heute sagt man Bewegungsjagd, kann man immer wieder beobachten, wie so ein erfahrenes Alttier das Rudel aus dem Gefahrenherd führt. Immer wieder predige ich es, nie das erste Alttier, das aus der

Nicht in größere Rudel schießen - meist kommt noch ein Nachzüglertrupp!

Wenn möglich: Immer Kalb und Alttier zusammen erlegen.

Dickung oder dem Einstand kommt, zu erlegen. Es ist die Rudelchefin, die auch manchmal alleine rauszieht, sichert, den Gefahrenherd umrundet und Wind holt, bevor der Rest des Rudels dann erscheint. Ich habe grundsätzlich nie in ein größeres Rudel reingeschossen. Meistens kam dann noch ein kleinerer Trupp hinten nachgezogen. Und hier habe ich dann versucht, das ganze Rudel, zumindest Kalb und das dazugehörige Alttier zu erlegen. Man glaubt nicht, wie ein Alttier leidet, wenn man ihm das Kalb nimmt. Auch dieses Tier hat mütterliche Gefühle. Im Tal der Valepp hatte ich einmal ein schwaches Kalb erlegt, konnte das dazugehörige Alttier aber nicht mehr zur Strecke bringen. Die alte Dame hatte sicher schon mehrmals erlebt, dass nach dem Schuss nur eine schnelle Flucht in den schützenden Einstand ihr Leben retten konnte, hatte sicherlich auch schon mehrmals ein Kalb an den Jäger verloren. Ich versuchte noch einige Male, das Alttier zu erlegen, saß mir dafür den „Spiegel" wund, und im Neuschnee konnte ich auch einwandfrei die suchenden Tritte des „Stucks" um den Erlegungsort ihres Kindes feststellen, das Alttier selbst kam aber nicht mehr in Anblick.

Die Einteilung der Hirsche in verschiedene Klassen hat sich als äußerst probat erwiesen. In meiner langen Dienstzeit habe ich alle starkstangigen Schmalspießer ziehen lassen, während dünnstangige Hirsche aus der Wildbahn genommen wurden. Wenn ein junger Hirsch starke Stangen hat und diese auch auf dicken Rosenstöcken wachsen, dann konnte ich immer wieder beobachten, dass hier etwas Besonderes heranwuchs. Hatte der Hirsch dann noch eine versteckte Gabel, d. h. zeigte er seine Gabel nur, wenn er sich zur Seite drehte, dann war ich mir sicher, aus dem wird was. Auch ein langes Mittelend zeugt von hoher Qualität. Wenn ich mir ein Geweih eines Hirsches von der Seite

Fortsetzung auf Seite 67...

Klasseneinteilung und Geweihaufbau beim Rotwild

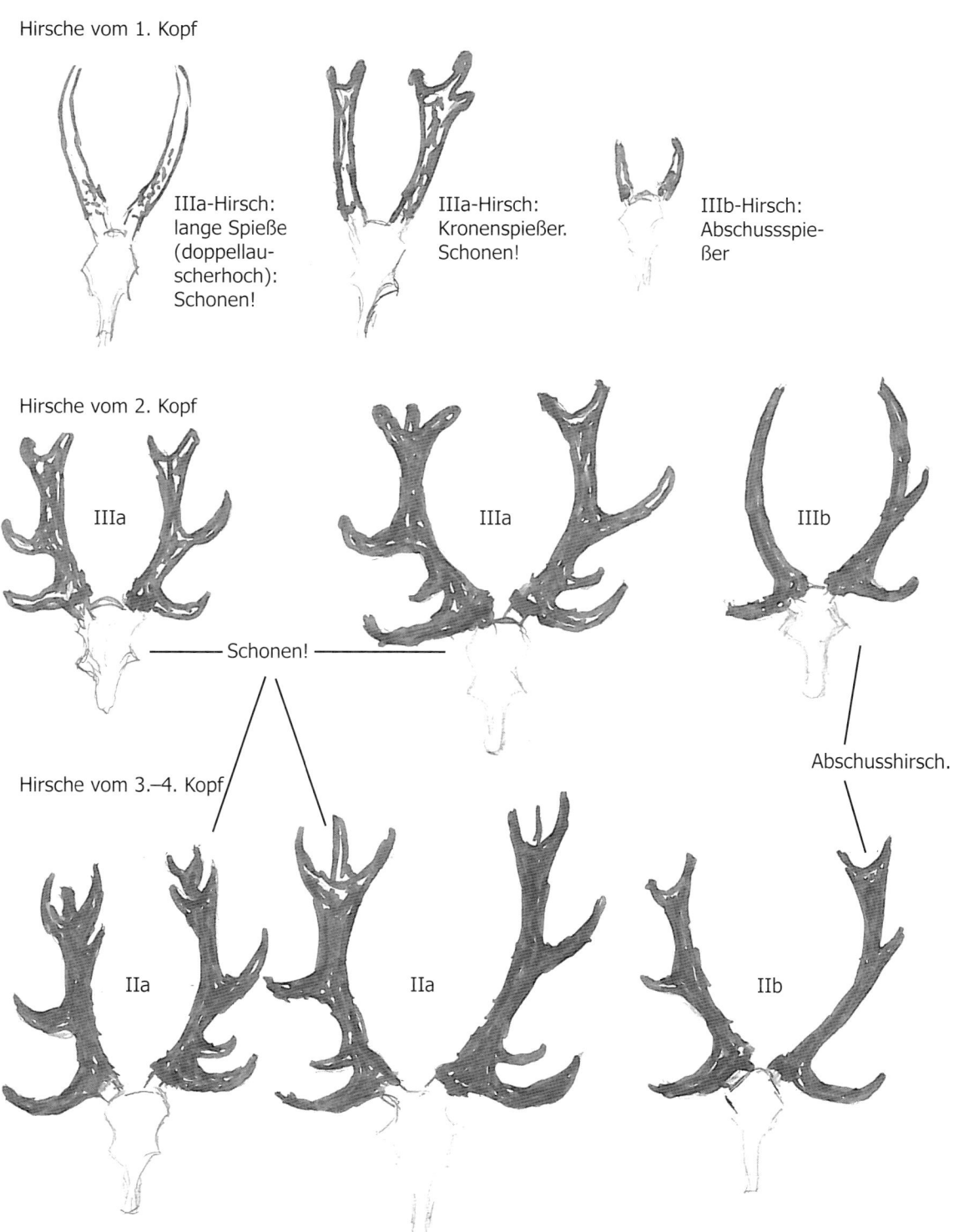

Hirsche vom 1. Kopf

IIIa-Hirsch:
lange Spieße
(doppellau-
scherhoch):
Schonen!

IIIa-Hirsch:
Kronenspießer.
Schonen!

IIIb-Hirsch:
Abschussspie-
ßer

Hirsche vom 2. Kopf

IIIa

IIIa

IIIb

——— Schonen! ———

Hirsche vom 3.–4. Kopf

Abschusshirsch.

IIa

IIa

IIb

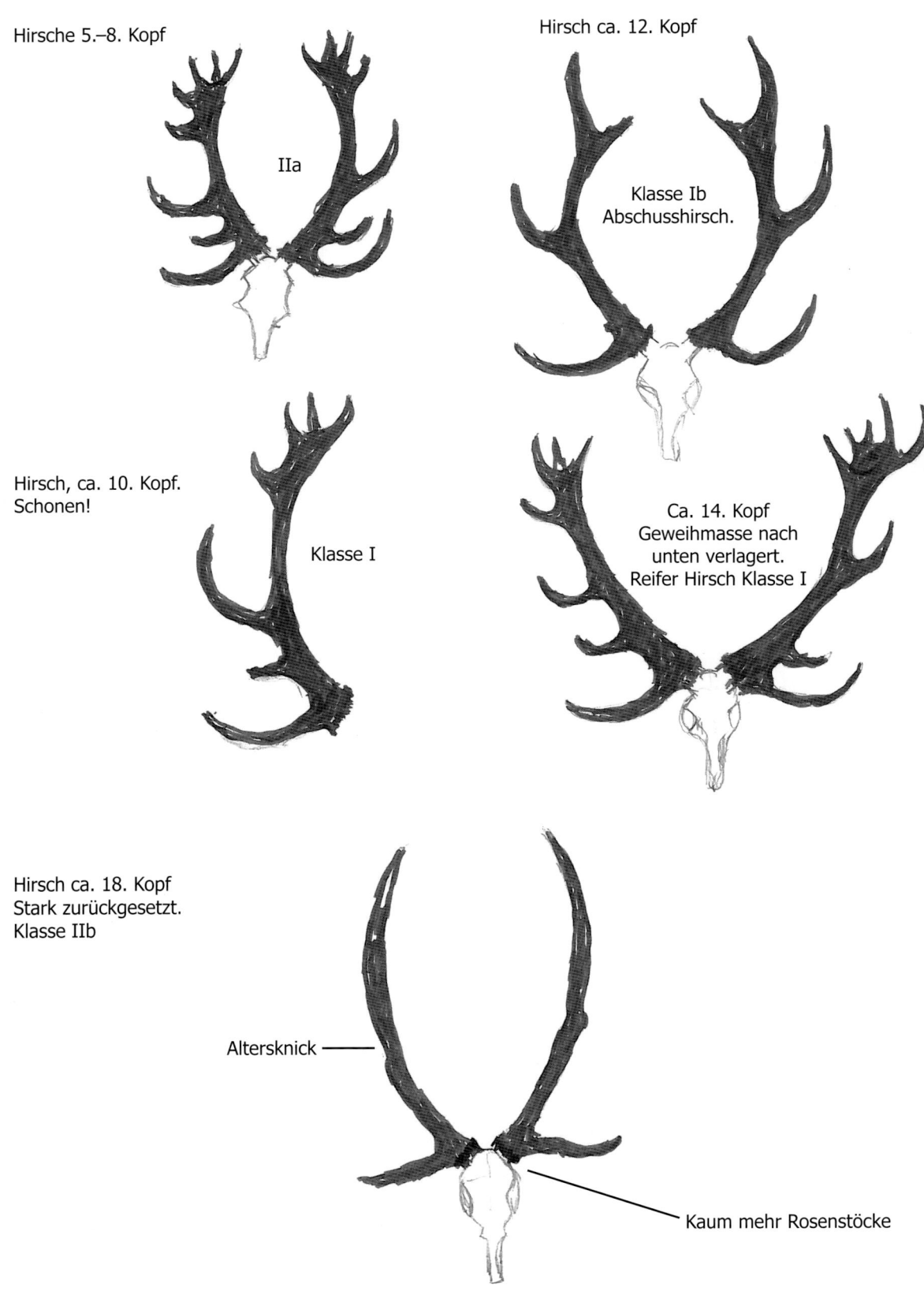

Hirsche 5.–8. Kopf

IIa

Hirsch ca. 12. Kopf

Klasse Ib
Abschusshirsch.

Hirsch, ca. 10. Kopf.
Schonen!

Klasse I

Ca. 14. Kopf
Geweihmasse nach
unten verlagert.
Reifer Hirsch Klasse I

Hirsch ca. 18. Kopf
Stark zurückgesetzt.
Klasse IIb

Altersknick

Kaum mehr Rosenstöcke

Geweihentwicklung beim Rothirsch

Ab Anfang April sieht man beim einjährigen Hirsch bereits die Stirnzapfen wachsen.

Beim Schmalspießer wächst auf den zuerst gebildeten Rosenstöcken dann das erste Geweih. Es sind dies in der Regel Spieße. Zum Teil bis in den Herbst hinein werden die Spieße geschoben. Besonders gut veranlagte Schmalspießer können sogar Gabeln oder auch Kronen schieben. Hier spricht man von Kronenspießern. Im Gegensatz zum Rehbock, der ein Erstlingsgehörn schiebt, dieses aber dann auch abwirft (so entstehen auch beim Rehbock bedingt durch die Bruchstelle die Rosen), hat der Schmalspießer also keine Rosen.

Bei der Bejagung von Schmalspießern sollte unbedingt auf die Stangenstärke geachtet werden. Wünschenswert sind dicke Stangen.

Mit dem Eintritt in das dritte Alter wirft der Schmalspießer dann Ende März bis Anfang April seine Spieße ab. Er schiebt nun sein zweites Geweih. In der Regel bilden sich nun Augenden, Mittelenden und Gabeln. Gut veranlagte Hirsche können bereits Kronen schieben. Ja, es sind schon Zwölfer und Vierzehner mit dem zweiten Geweih vorgekommen. Brandige Enden und lange Mittelenden zeigen in der Regel die gute Veranlagung. Sowohl beim Schmalspießer als auch bei Hirschen mit dem zweiten Kopf beginnt bereits die Auslese mit der Büchse. Schwache und kurze Enden, dünne Stangen, schwach im Wildkörper – das sind die wichtigsten Abschusskriterien.

Je älter der Hirsch nun wird, desto früher beginnt er mit dem Abwerfen der Stangen.

Bis zum 5. oder 6. Kopf zeigt der Hirsch dann seine Veranlagung. Er ist körperlich noch nicht fertig. Wenn er, wie wir Berufsjäger sagen, körperlich fertig ist, erst dann geht der Hirsch ins Geweih.

Während der Hauptabschuss in der Jugendklasse getätigt werden soll, sollte in der Mittelklasse nur noch bei schlechter Veranlagung eingegriffen werden. Dies sind dann die 2B-Hirsche, die sich vor allem aus mittelalten Achtern oder Eisendzehnern zusammensetzen.

Gut veranlagte Hirsche zählt man zur Klasse 2A, diese sollten unbedingt geschont werden.

Klassischer IIb-Hirsch.

Ich selbst legte mehr Wert auf starkstangige Hirsche, während dünnstangige Hirsche aus der Wildbahn genommen wurden, und ich bin dabei auch gut gefahren. Ein starkstangiger Zwölfer ist mir lieber als ein dünnstangiger Vierzehner oder Sechzehner.

Ab Ende Februar zeichnen sich unterhalb der Rose bläulich schimmernde Einschnürungen ab. Die Hirsche gehen Rangeleien nun in der Regel aus dem Weg, d. h. die Stangen sitzen locker, bis sie eines Tages komplett abfallen.

Nach dem Jagdgesetz dürfen Hirsche mit dem zehnten Kopf erlegt werden. Dies ist in meinen Augen aber nicht richtig. In den vielen Jahren meiner Tätigkeit als Berufsjäger konnte ich immer wieder feststellen, dass die Hirsche erst mit 12 bis 14 Jahren ihr bestes Geweih trugen. Es sei mir die Frage erlaubt, warum man ein Hochwildrevier auf 12 Jahre pachtet? So lange braucht ein Hirsch, um reif zu werden.

Nun zu den Altersmerkmalen.

Während ein junger Hirsch hochläufig, mit hohem spitzem Haupt und schlanker Figur erscheint (sein ganzes Benehmen ist jugendlich), kann man beim mittelalten Hirsch bereits einen leichten Senkrücken und Wanst entdecken. Die Schulterblätter treten aber erst ganz leicht hervor. Solche Hirsche sind nicht leicht anzusprechen.

Ältere Hirsche haben einen steifläufigen Gang. Die Rückenlinie ist vom Wedel bis zum breiten Haupt sehr gerade. Die Schulterblätter treten stark hervor, so dass der wirkliche Althirsch wie ein Stier erscheint. Ganz markant ist die stark ausgeprägte Wamme. Die Läufe wirken kürzer und mehr in der Mitte des Wildkörpers sitzend. Der Althirsch hat einen starken Vorschlag. Das massige Haupt wirkt kurz, breit und eckig und der Althirsch hat gerne eine lockige Stirn. Ich habe bei meinen älteren Hirschen auch eine längere und tiefere Tränengrube festgestellt. Der wirkliche Althirsch ist mit seinen Lautäußerungen in der Brunft sehr sparsam.

Wenn ein Hirsch in der Brunft sich sehr oft und intensiv meldet, dann hat man es mit einem mittelalten Hirsch zu tun. Der wirklich alte Hirsch beteiligt sich sehr zurückhaltend an der Brunft. Er holt sich in seine gute Stube, d. h. in seinen Einstand, ein einzelnes Alttier und brunftet sehr verschwiegen. Wenn des Nachts am Brunftplatz ein Mordsradau entstand, dann erschien der Althirsch und holte sich seine Lieblingsdame, und ich hatte das Gefühl, dass das Alttier gerne mit dem verschwiegenen Kavalier zu amourösen Abenteuern mitzog. Mehrmals konnte ich das an den Brunftplätzen beobachten.

Junge Stücke – Schmaltier und Schmalspießer:

Kindlich wirkendes Haupt (stupsnasig). Hochläufig, neugieriges Benehmen, wie Kinder zu allen Späßen aufgelegt, frühes Verfärben.

Mittelalte Stücke:

Das Kindergesicht ist verloren. Bei einem Alttier wirkt das Haupt bereits länger. Dies sind die Alttiere, die geschont werden sollten. Die Masse des Körpers verlegt sich langsam nach vorne. Bei einem führenden Alttier tritt der Drosselknopf stärker hervor. Wir sagen, es ist eine gute Mutter, die ihre ganze Kraft ihrem Kalb gibt. Man kann das Gesäuge oder die Spinne deutlich zwischen den Hinterläufen sehen. Das Verfärben setzt in der Regel etwas später ein.

Mittelalte Hirsche:

Aus dem Knaben wird langsam ein Mann. Die Masse verlegt sich langsam nach vorne. Das Haupt wird aber noch immer höher getragen. Die Neugier lässt nach. Langsam treten die Schulterblätter hervor. Jedoch der Gesichtsausdruck wirkt immer noch jugendlich. Die Vorderläufe wandern langsam der Mitte zu. Das Haupt verliert etwas an Länge und erscheint langsam stiernackig.

Alte Alttiere:

Langer Grind, magerer oder dürrer Träger (Hals), starker Drosselknopf. Am Haupt und zwischen den Lauschern erscheinen graue oder auch weiße Haare, starkes Hervortreten der Beckenknochen und Rippenpartien. Der Äser erscheint so breit wie eine Schaufel. Die Lichter treten stärker hervor. Misstrauisches Benehmen.

Alte Hirsche:

Breites bulliges und kurz wirkendes Haupt. Tiefer Träger, stark hervortretende Schulterblätter, breiter Äser, kurze Stirnzapfen oder Rosenstöcke.

Die Vorderläufe scheinen in der Mitte zu sein. Im Fährtenbild zeichnet sich ein starkes Hinterlassen der Hinterläufe ab. Ganz markant ist nun der Kreuztritt. Uralte bzw. überalterte Hirsche verschlagen sehr schlampig. Solche Hirsche haben zum Teil noch eingetrockneten Bast im Geweih. Spärliches und verschwiegenes Melden zur Brunft. So ein Althirsch ist eine Persönlichkeit.

Altes Stuck.

65

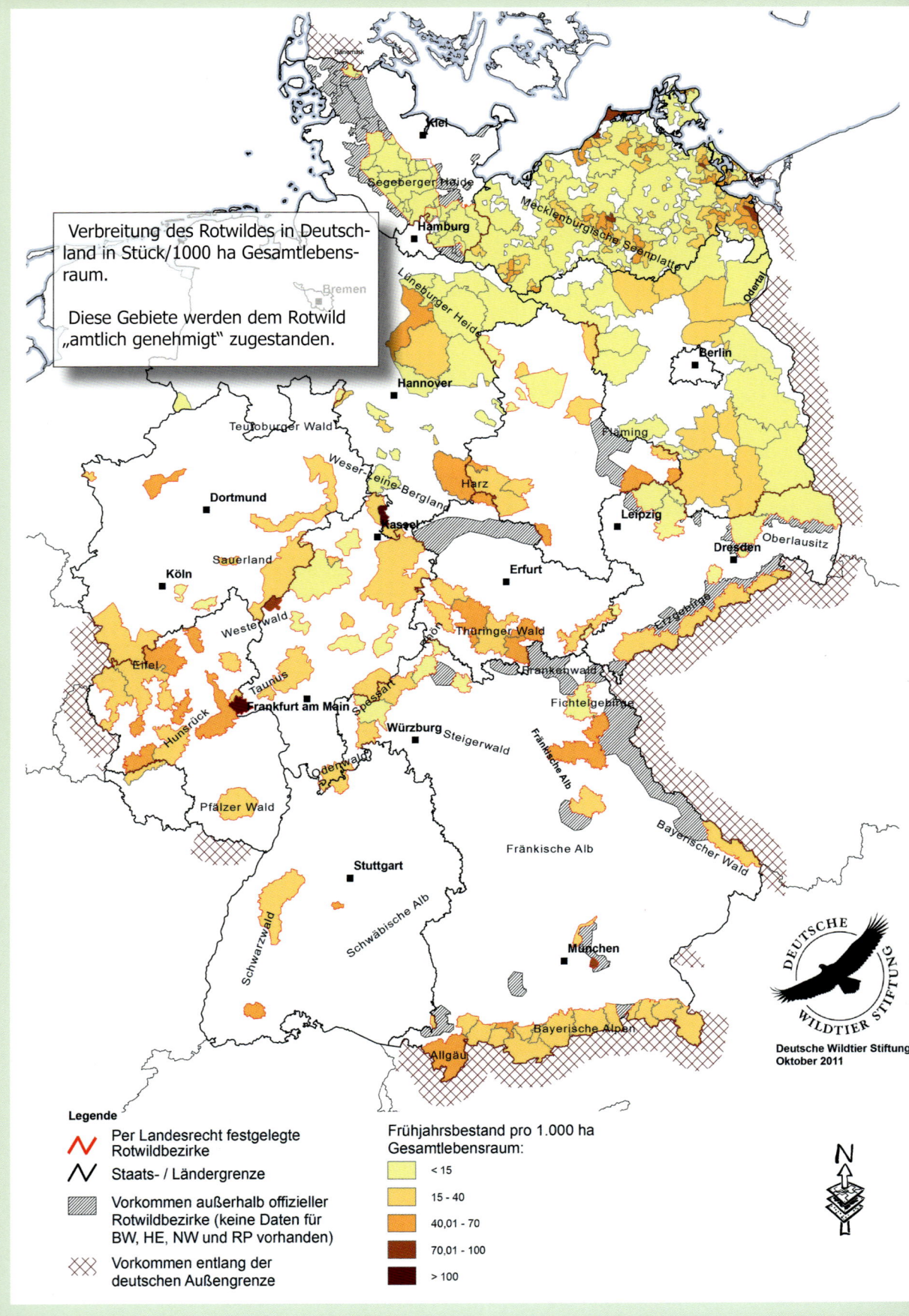

Verbreitung des Rotwildes in Deutschland in Stück/1000 ha Gesamtlebensraum.

Diese Gebiete werden dem Rotwild „amtlich genehmigt" zugestanden.

Legende

Per Landesrecht festgelegte Rotwildbezirke

Staats- / Ländergrenze

Vorkommen außerhalb offizieller Rotwildbezirke (keine Daten für BW, HE, NW und RP vorhanden)

Vorkommen entlang der deutschen Außengrenze

Frühjahrsbestand pro 1.000 ha Gesamtlebensraum:

< 15

15 - 40

40,01 - 70

70,01 - 100

> 100

Deutsche Wildtier Stiftung
Oktober 2011

... Fortsetzung von Seite 60

betrachte und es zeigt mir von den Augenden über das Mittelend zum Stangenende ein Dreieck, dann habe ich es in der Regel mit einem Abschusshirsch zu tun. Ich habe immer versucht, den Haupteingriff in der Jugendklasse zu vollziehen und die Mittelklasse weitgehend zu verschonen. Zeigte mir der Hirsch von der Seite einen quadratischen Geweihaufbau, dann ließ ich den Hirsch ziehen, es sei denn er hatte sehr dünne Stangen. Mir persönlich ist ein dickstangiger Zwölfer viel lieber als ein dünnstangiger Sechzehner. Knuffig muss das Geweih sein und nicht dünn wie ein „Pfeifenrohr".

Oberhalb der Petziger Almen hatte ich schon mehrmals eine größere Rotwildversammlung von der gegenüberliegenden Bergseite aus bestätigen können. Auch an jenem Tag leuchtete ich die Gräben der Oberen und der Unteren Petziger Almen mehrmals mit meinem Hensoldt-Glas ab. Die Mittagssonne warf ihre Strahlen in die weit verzweigten Schläge und Gräben. Oberhalb vom Waidgraben äste ein starkes Rotwildrudel vom Rande der Almböden. Hier strebte mir vor, könnte ich morgen früh doch reichlich Beute machen. Am nächsten Morgen, es war ziemlich kalt, pirschte ich zusammen mit einem Jagdgast Waidgraben und Sesselgraben zu. Im Waidgraben hatte ich im Laufe des Sommers eine feine Hock unter eine mächtige Altbuche gezimmert, die bei der hirnlosen Buchenvernichtung übersehen worden war. Diesen Sitz steuerten wir nun langsam an, dabei den knirschenden Altschneezungen ausweichend. Es war bereits heller Tag, als wir uns hinter die Verblendung drückten und den Filzfleck unter den Spiegel schoben. Meine Hel-

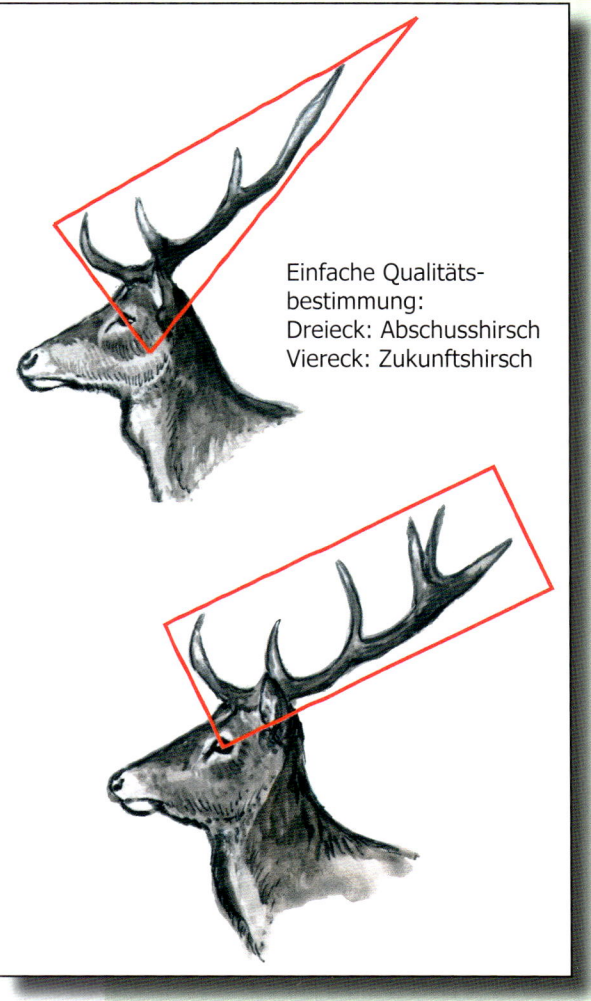

Einfache Qualitätsbestimmung:
Dreieck: Abschusshirsch
Viereck: Zukunftshirsch

Auch beim Rotwild gilt:
- Haupteingriff in der Jugendklasse.
- Mittelklasse schonen.
- Hirsche und erfahrene Alttiere:
  Alt werden lassen.

Sonnenaufgang im Berg - auch nach so vielen Jahren immer wieder ein Erlebnis.

la windete ständig, auch sie hatte sich auf der Lodenkotze eingerichtet, nach oben. Langsam stieg die Morgensonne über den Berg und bald darauf lag die kupierte Schlagfläche im gleißenden Sonnenlicht. Der Raureif hatte über die dickastige Fichtenkulisse seine Pelzmützen gesetzt und im ersten feinen Sonnenlicht glänzten diese von rubinrot bis smaragdgrün, von zart rotgold bis türkisblau. Der neben mir sitzende Jagdkamerad glaubte schon, dass es wohl heute nichts mehr werden würde und wir unterhielten uns im Flüsterton über Wald, Wild und den Jahresablauf und die viele Arbeit, die so ein großes, aber herrliches Revier das ganze Jahr von seinem Betreuer verlangt. Auf einmal, ich glaubte, ein ziehendes Knirschen vernommen zu haben, stand mitten im Schlag ein einzelnes Alttier. „Schaug Hermann – a Stuck", war mein Aufmerksammachen. Innerhalb kürzester Zeit stand im weit verzweigten Kahlschlag die tags zuvor geschaute Rotwildansammlung. Langsam begannen Alttiere, Kälber, Schmaltiere und geringe Hirsche von der Schlagflora zu äsen und man glaubte das Rupfen zu hören, obwohl ein rauschender Graben, die erste

Herbstschneeschmelze hatte den Waidgraben randvoll aufgefüllt, zwischen uns und dem Rudel lag. Immer wieder schaute ich mir mit dem Jagdglas die Hochwildversammlung an. In der Zwischenzeit hatten wir die Ellenbogenstütze heruntergeklappt. Ich selbst klemmte mir meinen Bergstock unter den Ellenbogen. Ganz am Rand stand ein knochiges Alttier mit seinem schwachen Kalb. „Herrmann – ich erlege das Kalb und du das langgrindige Stuck, mach di fertig." Laut bellte mein Mannlicher sein tödliches Projektil über den Graben und im Feuer kugelte das Kalb dem Grabenboden zu. Nach einer kurzen Flucht äugte das Alttier zu seinem Kalb runter. Lange musste ich nicht warten, dann rumpelte auch das Stuck über den steilen Schlag – der sehr erfahrene Waid- und Forstmann Hermann schoss eine giftige Kugel – und brach zusammen. Wir hatten sofort repetiert, denn heute wollten wir Beute machen. Mit aufgestellten Lauschern zog das Rudel uns nun entgegen, es hatte die Schüsse nicht orten können. Nochmals spuckten unsere Repetierer ihre todbringenden Geschosse zum Schlag rüber. Und nochmals konnten wir ein Kalb und ein Alttier geistig schon ins Schussbuch eintragen, doch dieses Mal erlegte der Hermann das Kalb und ich das dazugehörige Alttier. Gerade als wir uns aus der Hock schieben wollten, Hermann schmiss sich seinen grünen „Bergjagarucksack" über den breiten Buckel, stand ein geringer Schmalspießer am Schlagrand und äugte zu uns rüber. Ich konnte nichts mehr sagen, sondern nur noch handeln. Den Hermann riss es fast von den Läufen, als es bei mir noch einmal „tuschte". Aus dem Augenwinkel heraus sah er noch, wie der Schmalspießer dem Grabenrand zukugelte. „Mensch Koni, bin i daschrocka. I hab g'meint, dir is da Schuss aussi." Wie an einer Perlenschnur zog das Rudel, es waren immer noch ca. 10 Stück Rotwild, dem schützenden Einstand zu. Bald darauf, wir sprangen mit

Mein junger Kollege
Revierjagdmeister Andreas Köpferl.

Der Bergstock ist der „Dritte Fuß" des Jägers. Er sollte nicht zu dünn (meine Bergstöcke sind an der Basis ca. 3 cm dick, oben etwas dünner) sein und dem Jäger bis zur Nasenspitze reichen.
Um Krach zu vermeiden, muss ein guter Bergstock einen Gummipuffer am unteren Ende haben.
Ob als Stütze in schwerem Gelände oder als Zielhilfe – ein Bergstock ist auch im Flachland empfehlenswert.
Meine Bergstöcke haben oben keine Gabel, da man damit am Berg leicht hängen bleibt.

eingespreizten Bergstock über das rauschende Grabenwasser, standen wir vor unserer reichlichen Beute. Nachdem die rote Arbeit getan war, zogen wir das Wild zur Alm rüber und dann „rutschte" es zur Waitzinger Alm runter. Zweimal musste der voll beladene VW Käfer von dort aus zur Wildkammer fahren, ehe Hermann und ich zufrieden der „Alten Wurzhütte" zustreben durften.

Wenn es irgendwie möglich war, dann erlegte ich gleich eine ganze Familie. Oft ließ ich ein größeres gutes Rudel ziehen, aber wenn ein Familienverband aus geringem Alttier mit schwachem Kalb und auch noch schwachem Schmaltier oder Schmalspießer vor mir stand, dann rumpelte mein Mannlicher seine todbringenden Projektile über den Almboden oder Bergschlag. Mir ist hier noch ein besonderes Erlebnis in Erinnerung.

Am Spitzingsattel fährtete ich einige Tage hintereinander ein Rotwildrudel. An einem zeitigen Morgen, es hatte über Nacht eine leichte „Neue" gegeben, pirschte ich am See entlang der Senke des Spitzingsattels zu. Hinter der alten Wasserreserve hatte ich Stellung bezogen. Es war schon leicht der Morgen zu erahnen, als sich aus den Erlen ein kleines Rudel löste – der klassische Rudelverband: Alttier, Kalb und Schmalspießer. Alle drei waren von der geringen Seite. Schnell legte ich meinen Rucksack auf den Rand der Wasserreserve und hatte im nächsten Moment das schwache Kalb im Einserabsehen meiner Ferlacher Bockbüchsflinte. Mit dem Daumen zog ich den rechten Hahn auf und schon lag das Kalb noch leicht schlegelnd in den niedrigen Erlen. Lautlos rutschte die nächste Patrone in den Kugellauf. Das Alttier hatte den Almbodenrand gerade erreicht, als ich mit dem nasalen Laut das Mahnen imitierte und das „Stuck" damit zum Verhoffen brachte. Auch hier schlug das 6 Gramm leichte Geschoss der 6,5 x 57R ganz knapp hinter der Blattschaufel ein und augenblicklich rutschte das Stuck zu mir runter. Nochmals glitt ein neues Geschoss ins Patronenlager, denn ich war mir sicher, dass der geringe Schmalspießer, zumal ich mehrmals mahnte, zurückziehen würde. Kaum hatte ich meine „Bock" auf dem Rucksack in Schussposition gebracht, stand am Rande des steil aufsteigenden Almhanges der geringe Spießer. Auch hier zeigte meine unverwüstliche Ferlacherin bzw. die im Berg so oft geführte 6,5 x 57 – für mich das ideale Bergjagakaliber – ihre schnell tötende Wirkung.

Für mich war das Kaliber 6,5 x 57 immer ein ideales Bergjagdkaliber. Mit dieser schnellen Patrone und einer Ladung von 6 Gramm macht man garantiert nichts verkehrt.

Natürlich brannte manchmal der nötige Abschuss von Kahlwild unter den Nägeln.

Mehrere Tage wirbelte der Föhn bereits durch das Valepptal und rüttelte des Nachts an den Fensterläden. Trotz des Spruchs: „Wenn der Wind jagt, dann hat der Jäger nicht zu jagen!", stieg ich sehr früh aus meiner warmen Sasse. Ganz hinten im Elendtal hatte ich mir im Laufe des Sommers eine versteckte Hock an einen wilden und steil abfallenden Grabenrand gezimmert. Gerade an diesen Gräben wirft es den Wind in der Regel in den Graben rein und nicht auf die gegenüberliegende Bergseite. Oberhalb der Elend-Winterstube hatte ich meinen ersten Geländewagen, den unverwüstlichen Nissan Patrol, in einer Waldschneise abgestellt. Neben

„Wenn der Wind jagt, bleibt der Jäger zuhause": Wetter hat einen entscheidenden Einfluss auf den Jagderfolg.

Ein Mündungsschoner oder Klebestreifen über dem Lauf verhindert das Eindringen von Feuchtigkeit oder Schmutz. Gerade bei Kletterpartien durch unwegsames Gelände kann sonst leicht Dreck in den Lauf geraten.

der kiesigen Forststraße pirschte ich zur Grabenhock. Immer wieder blieb ich stehen und suchte mit meinem neuen Leitzglas die Bergflanken und Almböden ab. Der Stoffenbauer hatte sein herrlich geschmücktes Almvieh schon dem heimischen Stall zugetrieben. Richtig gespenstische Ruhe lag über dem Berg. Nur der warme Wind, der Föhn, trieb welke Blätter auf der Kiesstraße vor mir, dem pirschenden Jäger, her. Mit leisen Schritten, bei dem Laubfall war dies fast nicht möglich, erreichte ich die versteckte Hock. Meine Asta windete zum gegenüberliegenden Bergwald rüber, dabei laut die Luft einsaugend. Direkt gegenüber äste ein Alttier mit seinem Kalb. Im nächsten Augenblick zog noch ein geringes Schmaltier zum Familienverband. Hier gab es nicht viel zu überlegen. Das Brett für den Ellenbogen hatte ich heruntergeklappt und die Schussstange tiefer gestellt. Von meinem Mannlicher zog ich den „Gewehrstiefel" (Mündungsschoner) und entsicherte die „Bix". Wie immer fuhr ich mit dem Zielstachel von oben kommend ins Leben des geringen Kalbes, das im nächsten Augenblick noch leicht schlegelnd in der Grabensohle lag. Mit aufgestellten Lauschern flüchtete das Alttier zum Grabenboden runter. Mit dem Häherruf brachte ich das knochige „Stuck" zum Verhoffen, ehe auch hier mein Mannlicher das große „Amen" laut donnernd verkündete. Mit aufgestellten Spiegelhaaren zog nun das Schmaltier dem lückigen Bergwald zu. In einer breiten Schneise verhoffte es, ehe auch hier der Mannlicher mit der bewährten 6,5 x 57 dem weiten Valepper Tal seine sofort tödliche Wirkung verkündete. Mit hoch erhobenem „Köpferl" jodelte meine Asta zu Berg und Tal, der „Hirsch ist tot". Es war dann schon eine elende Schinderei, bis ich das Wild im steilen Graben am Lieferhaken zur Forststraße runtergeschleppt hatte. Doch überwiegender war das Gefühl der Befriedigung, wenn ich wie hier ein uraltes „Stuck", die lü-

Lieferung mit dem traditionellen Hirschkarren. Der Hirsch liegt auf der rechten Seite auf einem Bett aus Latschenzweigen.

ckigen Zahnreihen und herunter gekauten Zähne bestätigten mein sicheres Ansprechen, mit seinem geringen Nachwuchs der Wildbahn und dem Bergwald entnommen hatte. Hier und heute hatte ich die Bestätigung, dass in einem steilen Graben auch der Föhn den pirschenden oder ansitzenden Jäger nicht verraten kann. Entweder es wirft den Wind nach oben oder unten, aber höchst selten zum gegenüberliegenden Berg.

Als ich mit meiner Last auf dem Liefergestell des Geländewagens an der Elend-Winterstube vorbeifuhr, standen dort unsere braven Holzknechte vor ihrer Behausung. Jetzt gab es kein Weiterkommen mehr, wussten sie doch, dass es nun zur Abwechslung einmal nicht Schmarrn und Brotsuppe gab, sondern „an Aufbruch". Auf dem alten Hüttenherd brutzelten dann in der alten Schmarrnpfanne Leber, Herz und Nieren. Ich fuhr noch ins nahe Forsthaus Valepp und holte „a Tragl Bier". Auch der Förster Max war gekommen und löffelte mit seinen Holzknechten aus der weiten Pfanne und mit dem Brot wurde auch noch der letzte Rest der Soße herausgetaucht. Glückliche, aber auch harte Zeiten! Mit glänzenden Augen, „a Bierflascherl in ihren schwieligen Pratzen", sah man diesen braven, aber auch hart arbeitenden Männern die Zufriedenheit regelrecht an.

Ende eines erfolgreichen Jagdtages.

Anmerkungen zur Situation unseres Rotwildes

Es ist für mich und für viele Rotwildjäger nicht zu verstehen, wie heutzutage von behördlicher Seite mit unserem größten Schalenwild umgegangen wird.

Das Rotwild darf nur noch in ihm zugewiesenen Regionen leben. Gerade im ehemals so berühmten Jagdland Bayern stehen dem Edelwild nur noch 10 Bezirke, das sind etwa 14 % der Landesfläche, als Lebensraum zur Verfügung. Jedes Stück Rotwild, das die vorgeschriebene Region verlässt, kann, ja muss dem Gesetz nach eliminiert werden. Sehr große Waldgebiete dürfen vom „Ungeziefer" Rotwild nicht mehr besetzt werden und sind rotwildfrei zu halten. So hat man z. B. das ehemals so bekannte Rotwildgebiet „Schwarzer Grat" aufgelöst, das zusammen mit den Revieren um Adelegg (Baden-Württemberg) fast 20 000 Hektar groß war. Nur noch die ca. 5000 Hektar auf baden-württembergischer Seite werden mittels Abschussplan bewirtschaftet. Auf bayerischer Seite wird jedes Stück „umgebracht", auch Kronenhirsche.

Gerade im Zeitalter der ökologischen Aufklärung müsste selbst dem einfältigsten Wildhasser doch völlig klar sein, dass das Rotwild zum Teil weite Wanderungen unternimmt und so wertvolle Gene weitergetragen werden. Was mich aber besonders traurig stimmt, ist die Tatsache, dass zum Beispiel im Kreuther Tal, dort wo einstens einer der besten Hochwildjäger, nämlich kein Geringerer als S.K. Hoheit Herzog Ludwig Wilhelm in Bayern, Jagdgeschichte schrieb, die letzte Rotwildfütterung aufgelöst wurde (Kreuth West). Dass hier von der Behörde nicht eingeschritten wurde, ja keiner dieser schlauen Jagdberater seine Stimme er-

Unverständlich: Rotwildfreie Gebiete widersprechen dem Bonner Artenschutzabkommen. Wandernde Wildarten genießen demnach eigentlich Schutz, den sie für biologisch notwendige Wanderungen brauchen (siehe Karte S. 66).

hob, ist eine Schande. Herzog Ludwig Wilhelm in Bayern, sein malerisch gelegenes Jagdhaus steht noch heute auf der Schanz, würde sich im Grabe umdrehen. Wir haben für jeden Blödsinn oder jeden Jammerer Geld, aber unser Wild, besonders das Hochwild, ist uns in unserem wirtschaftlichen Denken und Handeln ein Dorn im Auge. Das Rotwild, das bei Tageslicht oder in der Dämmerung nicht „erwischt" wird, wird nun auch noch des Nachts an den Kirrungen umgebracht. Und dann wundert man sich, dass auf einmal gewaltige Schäl- und Verbissschäden entstehen. Von was soll sich denn die geschundene Kreatur ernähren?

Vorbildlich: Ruhezonen helfen vor allem dem empfindlichen Rotwild. Doch was nutzt das, wenn die Tiere gegen ihre Natur nicht wandern können.

Es müssten doch bei jedem Verantwortlichen, besonders bei den Politikern, sämtliche Alarmglocken läuten, wenn ein eigener Verein gegründet werden musste, um unserem Rotwild in seinem Überlebenskampf, ja in seiner Existenzangst, unterstützend zur Seite zu stehen. Wenn man mit Schlagzeilen wie „Unfrei im Freistaat" auf die Barrikaden steigen muss, darauf aufmerksam machen muss, wie es um unser Rotwild steht, dann stehen wir bald vor einem Kollaps. Welch deutliche Worte müssen noch fallen, damit man endlich kapiert, dass es bereits kurz nach zwölf ist? Wir, das ehemals klassische Jagdland Bayern, sind mittlerweile, was das Rotwild anbelangt, auf der Skala an viertletzter Stelle. Im Bayerischen Landtag

wurde, auf wessen Betreiben auch immer, ich weiß es nicht, beschlossen, das Rotwild aus dem Wildpark Ebersberger Forst, hier liegt die Betonung auf Wildpark, herauszunehmen. Eine autochthone Wildart sollte eliminiert, d. h. ausgerottet werden. Gerade im Zeitalter des Natur- und Umweltschutzes ist für mich, und hier stehe ich nicht alleine da, so eine Entscheidung nicht nachvollziehbar. Hat man

Unglaublich, wie Politik, Forst und vor allem selbst ernannte Naturschützer mit diesem königlichen Wild umgehen.

denn vergessen, dass hier eine Wildart, die im großen Wald des Ebersberger Forstes schon immer ihre Fährten gezogen hat, brutal ausgerottet werden soll?

Das Gamswild

Kaum eine Wildart wird sowohl im Lied als auch im Text so oft besungen und beschrieben wie die „Kruckenträger" oder auch „Krickelviecher". Das Urige der Landschaft, die wilden Gräben und dann wieder weiten Almmatten sind die Heimat der Gams, im Allgäu und im Schwarzwald sagt man auch „Gems". Für den echten Bergjäger steht die Erlegung einer alten Gams, besonders einer alten Gamsgeiß an erster Stelle. Wenn der Bergwind über die Grate pfeift, dann beginnt der Hochzeitstanz dieses wetterharten Bergwildes. Und dann ist der Berufsjäger mit seinem Jagdgast unterwegs, um dem schwarzen Teufel, dem zottigen Gamsbock in Kar und Gräben an Krucke und Bart zu gehen. Hier ist ein schneidiger und wettergegerbter „Jaga" gefragt und hier darf man den Teufel nicht fürchten.

Gamsjagd auf die Wintergams ist eine besondere Herausforderung, da man nicht nur gegen den Berg selbst, sondern nicht selten auch gegen das Wetter ankämpfen muss.

Sichstn steh, wir er hofft wiara äugt –

wia da Teifi so schwarz und so wild,

a so a Bock is der mia taugt

und i trau mas zua, dass er verspielt.

Denn a so oder a so

und steiget er eini in d Höll

i kriagatn doo.

Kein Volkslied beschreibt die Jagd auf den schwarzen Teufel so treffend wie dieser Text, den kein Geringerer als Franz von Kobell, der große Bergjäger, niedergeschrieben hat. In einer bescheidenen Hock oder unter einer von Wind und Sturm zerzausten Wetterfichte zu hocken und auf den blädernden Gamsbock zu warten, der gerade einen Nebenbuhler in einer windenden Verfolgungsjagd über Kar und Sandreise gehetzt hat, das ist „Bergjagd" pur.

Auch die Lockjagd auf den Gams ist möglich.

Die langen Rückenhaare des Wintergams eignen sich hervorragend zum Binden eines Gamsbartes. Diese Haare lassen den Gams noch größer aussehen und signalisieren den Rivalen wie den Geißen im Revier die Stärke des Bockes.

Gämsen können durchaus älter als 20 Jahre werden – daher ist bei der Bewirtschaftung dieser Wildart noch mehr auf das Alter zu achten als zum Beispiel beim Rehwild.
(siehe auch: Altersansprache)

Gerade im Winter sollte darauf geachtet werden, dass die Einstände der Gämsen nicht von Skifahrern oder anderen Touristen aufgesucht werden. Erhebliche Schäden in den Lawinenschutzwäldern können die Folge sein.

Wenn dann der alte Bergbock mit verwaschenen Zügeln, ich bläderte ihn mit zusammengepressten Lippen her, von einer waidgerechten Kugel getroffen ins Kar rein walkt und wenn mit zittrigen Händen die Jahresringe gezählt werden und man eine Bestätigung des richtigen Ansprechens hat, dann möchte ich den „Jaga" sehen, der hier nicht mit Freude, eventuell mit einem Juchzer oder einem Jodler, seinen Gefühlen freien Lauf lässt. Wenn dann auch noch ein reifiger Wachler von den Rückenhaaren gerupft werden darf, dann kennt das Glück des Bergjägers keine Grenzen.

Fragen Sie aber einmal einen Berufsjäger der Bergregion, was ihm am meisten bedeutet, dann kommt unweigerlich die Antwort: eine alte Gamsgeiß. Ich hatte noch das Glück, mehrere alte Gamsgeißen erlegen zu dürfen, dabei meine älteste Geiß, die 21 Jahresringe aufweist. Vor kurzer Zeit kam einer meiner Nachfolger mit einer steinalten Gamsgeiß, die total abgekommen war, zu mir. Ich staunte nur, als ich 23 Jahresringe zählen konnte. Es ist die älteste Gamsgeiß, die ich je in Händen hielt. Dazu kann man nur Waidmannsheil sagen. Das Außergewöhnliche an der Erlegung war, dass der Großvater des Erlegers, der herzogliche Oberjäger Karl Vögele, fürwahr eine Persönlichkeit im Lodengewand, einstens auch eine 23-jährige Gamsgeiß erlegen konnte. Es schließt sich wieder der Kreis.

Leider ist durch die Unvernunft und durch egoistisches Denken und Handeln der Menschen, die Gams gezwungen, da man ihr den Lebensraum immer mehr einschränkt, in die empfindliche Bergwaldregion auszuweichen. Nach tagelangem Stürmen und Schneien, es hat eine Menge Schnee in den Berg geworfen, zieht ein kleines Gamsscharl zu den abgewehten Graten und Wänden rauf. Mühsam bahnt sich das Notrudel den Weg zur bescheidenen Äsung. Ein einsamer Tourengeher ist bei einer dicken Neuen zu einer Skitour aufgebrochen. In windender Fahrt geht es zu Tale und mitten hinein in das kleine Gamsrudel. Mit keuchendem Atem hetzt das Wild zu Tale und hinein in die von Menschenhand geschaffene Dickung. Das Wild hat Hunger und es hat Angst, es kann nicht mehr raufziehen, aus der Neuschneedecke schauen die Terminaltriebe heraus und in seiner Not verbeißt das Wild die Tannen, Buchen und Fichtentriebe. Der Tourengeher kommt heim und wärmt sich am Kachelofen seinen Buckel, vor sich „a pfundige Brotzeit und a halbe Bier", aber das Wild hat mit leerem Pansen eine bitterkalte Nacht vor sich. Im Frühjahr entdeckt der Forstmann den Verbissschaden und schon steht wieder die Forderung nach erhöhtem Abschuss im Raum – fürwahr ein Teufelskreis. Wenn hier die Politik nicht endlich den Mut aufbringt, auch einmal ein Verbot auszusprechen, dann heißt es halt eines Tages – „Es war einmal …" Wir kümmern uns um afrikanisches, alaskisches und mongolisches Wild, aber unser heimisches Wild hat kaum mehr eine „Lobby". Müssen wir denn in die verschwiegensten und abgelegensten Winkel reinfahren? Hat denn unser Bergwild kein Lebensrecht mehr? Ja, ja – Serengeti darf nicht sterben, aber was kümmern uns die Tiere unserer Heimat?

Welch unverantwortlicher Blödsinn wird des Öfteren begangen, wenn es um den Abschuss bei den Gamsgeißen geht. Wie oft werden unerfahrene „Jäger" auf das Bergwild losgelassen. Eine einzelne Gamsgeiß bewacht den Gamskitz-Kindergarten, damit die Gamsmütter sich auch einmal dem Wiederkäuen hingeben können, der unerfahrene „Waidmann" glaubt nicht führende Gamsgeißen vor sich zu haben und bedient sich. Wenn er dann an das erlegte Wild herantritt, strotzt ihm beim Auseinander-

Vielerorts sind nicht die Bestände überhöht, sondern der Freizeitdruck ist zu hoch! Viele Verbissschäden sind vom Menschen gemacht!

Achtung beim Gamsabschuss: Auch einzeln stehende Geißen können führend sein.

Gamsjagd erfordert viel Erfahrung und sollte verantwortlich durchgeführt werden, um Spätfolgen am Bestand oder am Wald zu vermeiden. Es ist keine Schande, sich professionelle Hilfe wie meinen jungen Kollegen Andreas Köpferl zu holen, bis man sich selbst gut auskennt.

Ein Bestand von 6 Stück/100 ha ist im Hochgebirge, natürlich revierabhängig, auf jeden Fall zu verantworten.

ziehen der Hinterläufe ein pralles Gesäuge entgegen. Das Kitz ist einem mörderischen Winter ausgeliefert, und es dauert sehr lange, ehe der Winter sein weißes Leichentuch über die geschundene Kreatur legt oder es dem fliegenden Waidmann, dem Adler zum Opfer fällt. Immer wieder frage ich mich, warum ich eine sehr intensive Ausbildung gemacht habe, wenn es so auch geht – nur die Betonung liegt auf „Wie". Ich habe mit Leidenschaft viele Jagdgäste nicht nur auf Hirsch, Gamsbock, Keiler, Muffelwidder, Hahnen und den Rehbock geführt, sondern auch, und zwar besonders gern, auf die alte Gamsgeiß, denn solch eine Jagd bleibt unvergesslich.

Es gab einmal zu viele Gams und wir haben in verantwortlicher Art und Weise den überbordenden Bestand halbiert. Aber wir hatten trotzdem einen gesunden und vor allem sozial aufgebauten Gamsbestand. Wie viele alte Gams, ob Bock oder Geiß, konnten wir bei den Hegeschauen bewundern? Was mich aber am meisten freute, war, dass wir viele Gäste, darunter auch viele revierlose Jäger, am Abschuss beteiligen konnten. Freude pur war es für mich, nach erfolgreicher Pirsch in glückliche Jägeraugen zu schauen und auf dem von Schweiß durchtränkten Hut den Bruch zu überreichen. Es ist für einen Pirschführer nicht immer leicht, die richtige Gamsgeiß rauszusuchen. Eine alte und vor allem nicht führende Geiß im Rudel zu entdecken, erfordert sehr viel Erfahrung und viel Fingerspitzengefühl. Manchmal saß ich stundenlang vor einem Gamsscharl, ehe ich den Abschuss freigab.

Eines der schönsten Jagderlebnisse hatte ich mit einem hohen Beamten unserer Verwaltung. Er war einer der besten Forst- und auch Waidmänner, die ich führen durfte. Trotz seiner hohen Stellung war er ein äußerst bescheidener und stets zufriedener Waidmann. Er wollte nur am Berg sein, seine bescheidene Freizeit genießen und „a bisserl jagern", wie er mir erklärte.

Tags zuvor hatte ich in einem steilen Kar mit eingesprengter Fichtennaturverjüngung eine alte Gamsgeiß gesehen. Die Geiß war nicht führend und ihr total verwaschenes Gesicht und die steingrauen Flecken unterhalb der Lichtbögen sowie ihr knochiger Rahmen, einem alten Gaul ähnlich, deuteten auf ein höheres Alter hin.

Gamsgeißen mit Kitzen in der Sommerdecke.

Die Geiß trug eine weit ausgelegte und starkschlauchige Krucke. Ich gab ihr 15–16 Jahre. Am zeitigen Morgen nahmen wir den weiten Aufstieg unter die Bergschuhe. Ich musste nur so staunen, wie gut der Staatsdiener, und er diente dem Staat mit enormer Verantwortung und klugen Entscheidungen, zu Fuß war. Durch den steilen Bergwald pirschten wir zum Kar. Immer wieder leuchtete ich die Karausläufer mit meinem Hensoldt-Glas ab. Unter einem Steinblock, ein Riese musste ihn vor vielen Jahrzehnten oder Jahrhunderten hierher transportiert und gelagert haben, ließen wir uns nieder. Meine damalige BGS-Hündin, der Hetzteufel Asta, windete immer wieder zum Kar rauf. Auf einmal, es steinelte, zog die ge-

Auch wenn man sich beim Geißabschuss sicher ist: Immer erst Gewissheit verschaffen, ob sie wirklich nicht führt.

Das kann zum Beispiel durch Simulation einer Gefahrensituation geschehen, dabei suchen die Kitze sofort ihre Mutter auf.

Geiß und Kitz im unwegsamen Gelände.

suchte Geiß ins Kar rein und sie hatte ein sehr starkes Kitz dabei. Das konnte doch nicht wahr sein, dass ich mich tags zuvor so getäuscht hatte. Immer weiter zog die Geiß mit dem Kitz zu uns runter. Auf einmal stand noch eine Geiß im Kar. Nun wandte ich einen Trick an. Ich warf einen Stein in die neben uns auslaufende Sandreise und markierte den Häherruf. Im nächsten Augenblick suchte mit stelzenden und abgehackten Fluchten das Kitz seine richtige Mutter auf und verschwand fast unter ihrem Wanst. Nach kurzer Zeit kugelte die alte Geiß, der Forstmann schoss eine sehr saubere Kugel, zu uns runter. Obwohl ich mir eigentlich absolut sicher war, war ich dennoch heilfroh, dass ich beim Auseinanderziehen der Hinterläufe, ein nur leicht angedeutetes, trockenes Gesäuge vorfand. Auch mit der Altersansprache lag ich richtig – die Geiß zeigte 15 Jahresringe. Glücklich steckte sich der Forstmann den Erlegerbruch hinter das Hutband.

Immer wieder führte ich Gäste auf unsere „Krickelviecher", wie sie vom hirschgerechten Forstamtmann Max Fackler bezeichnet wurden. Ja, ja die Gams gingen dem alten Max über alles. In seiner Jagdstube hingen Zeugen seiner verantwortungsvollen und fachlichen „Jagerei". Ich habe selten so alte Gamsgeißen und auch Böcke gesehen wie bei ihm.

Doch einmal hatte auch er sich beim Ansprechen getäuscht. Der Max hatte vor einiger Zeit einen starken Gamsbock frei bekommen und ich hatte gerade mit einem sehr netten Jagdgast einen starken Gamsbock auf der Wallenburger Alm erlegt, den wir mithilfe eines selbstgemachten Halfters auf der Schneedecke hinter uns her Richtung Heimat zogen. Unterwegs pfiff uns unterhalb des Lempersbergs ein Gams an. Vor uns im Almboden und in den steilen Rinnen äste ein größeres Gamsscharl und bei dieser Bande stand ein starker, alter Bock.

Mittelalter Bock beim Blädern. Gut zu sehen sind die Barthaare auf dem Rücken hinter den Schultern und im Beckenbereich.

„Mensch Konradl, des is a Bock fürn Max", waren meine Gedanken. Ich schätzte den Bock auf 12–13 Jahre und seine weit ausgelegte, hohe und dickschlauchige Krucke hatte sicherlich 105 bis 106 Punkte. Nachdem der erlegte Bock in der Wildkammer versorgt war, seine stolze Krucke erreichte 105 Punkte, machte ich mit Max für den nächsten Tag eine Gamspirsch aus.

Am frühen Morgen fuhren wir mit dem damals unverwüstlichen Käfer zum oberen Lochgraben rauf und stellten unser Vehikel am Bergheim der Bayerischen Bereitschaftspolizei ab. Beide waren wir gut durchtrainiert und so konnten wir schnell an Höhe gewinnen. Als wir hinter dem Taubenstein, einem markanten Felsriegel, durch die Latschen schlüpften, stand vor uns ein jüngerer Gamsbock. „Schleich di – du Kaschperl", so redete ich den Lausbuben an. Junge Gamsböcke erinnern mich immer wieder an freche Lausbuben. Pfiffig, neugierig und immer zu einem „Spassetl" aufgelegt. Immer wieder äugte der „Lauser" zu uns runter,

Richtig Pirschen:

Grundvoraussetzung für richtiges Pirschen ist die Prüfung des Windes. Es wird immer gegen den Wind gepirscht. Die Pirschsteige müssen sauber ausgekehrt (also frei von Ästen, Steinen und Laub) sein.

Wenn man auf gut äugendes Wild pirscht, sollte man jegliche Deckung ausnutzen, da das Wild uns im Zweifel viel früher bemerkt als umgekehrt.

Bei der Pirsch sollten alle unnatürlichen Laute vermieden werden, wie metallisches Klicken des Bergstockes, Mobiltelefone etc. Auch das Blinken der Armbanduhr in der Sonne kann den Pirschjäger verraten.

Meine Hunde sind immer leicht vor oder neben mir und verraten mittels ihrer Nase, wenn Wild vor uns ist.

Ein alter Bock. Statur und die verwaschenen Zügel haben ihn verraten.

ehe er im weiten Latschenfeld verschwand. Wir pirschten langsam weiter, die Bergstöcke hatten wir umgedreht, damit die Eisenspitzen uns nicht verrieten. Gamsklingel sagen wir dazu. Unmittelbar vor uns strich eine Kette Schneehühner aus dem Latschenfeld zum Kirchstein rüber. Das Almfeld von Wallenburg lag vor uns, kein Gams zu sehen. Wir stiegen weiter zum Lempersberg und dann pirschten wir über den Kirchstein, wir sagen zu diesem Felszapfen das „Kragenknöpferl", vor und neben uns ästen viele Gamsgeißen mit ihrem Nachwuchs. Hinter der markanten Nase des „Kragenknöpferl" konnten wir uns niederlassen. Der alte Bock war nicht dabei. „Ja, ja, was du bloß wieder gesehen hast", war der erste Kommentar von Max, denn beim Scharwild tummelte sich ein mittelalter Bock, sehr wichtig kam er sich vor, herum. Gerade als wir unsere Brotzeit aus den Rucksäcken holten – ich blickte zur steil unter uns sich befindenden Wildfeldalm runter – gab es mir einen Riss. Über die Grat, die sich zum Almfeld runterzieht, stieg ein Gamsbock herauf. „Max, jetzt kimmt da Bock." „Das ist kein alter Bock", meinte der Max mit bloßem Auge zu erkennen. Ich drückte ihm den „Spekteifi" in die Hand. Total verwaschene Zügel deuteten auf ein hohes Alter hin. Mit dem Einschlag der 7 x 64 rutschte der Bock zur Wildfeldalm runter. Auf unseren Bergstöcken aufgestützt rutschten und schlitterten wir zum Gams runter. Der Max haute mir auf die Schulter, denn die Krucke zeigte 13 Jahresringe und der Bock hatte 106,7 Punkte. Er war bei der Hegeschau einer der besten und so was freut den Pirschführer oder Heger.

Am Abend kam der Jagdgast, der einen Tag zuvor den guten Gamsbock erlegt hatte, zur alten Wurzhütte und der Bier- und Weinkonsum konnte sich sehen lassen.

Dass der alte Gamsbock nicht beim Scharwild steht, habe ich immer wieder erlebt. Der alte Kavalier holt sich eine Geiß und brunftet in irgendeinem Graben oder versteckten Platz. Er kann die ständige Beunruhigung durch die Gamsjugend nicht mehr vertragen.

„Ja, ja, der alte Sünder, der kennt sich aus,

der alte Sünder geht nicht nach Haus,

er geht zum Wein, Wein, Wein,

zum Maderl fein, fein, fein,

der alte Sünder kennt sich aus."

So summte ich auf dem Weg zum „Jagahäusl" und zu meiner Liebsten vor mich hin.

Es war schon manchmal eine Schinderei, wenn ich die Salzsteine für die Gamssulzen zum Berg trug. Unter einer weitastigen Bergfichte oder auf einem aufgeschnittenen Baumstumpf lag dann der Salzstein. Einmal, ich saß in einer schmalen Felsrinne mit Blick zur Gamssulze, zog wie bei einer Prozession ein Gamsl hinter dem anderen zur Lecke. Mit ihren blaugrauen Leckern züngelten die Gamsl über den roten Naturstein und für mich war es wie immer befriedigend, zu sehen, wie wohl sich das Wild fühlte. Zwar war es im Frühjahr schon öfters eine Schinderei, die schwergewichtigen Lecksteine zum Berg zu bringen, aber es rentierte sich. Ich durfte meinem mir anvertrautem Wild dienen, und genau so schaute ich auch meine Aufgabe an.

Einmal saß ich hoch oben am Stolzenberg. Unter einer überhängenden Wand, darunter führte ein von allen Wildarten gut angenommener Wildwechsel, hatte ich im Frühjahr ei-

Alte Gamsböcke stehen häufig alleine!

Im Frühjahr brachte ich meinem Gamswild Salz in den Berg.

nen Salzstein hingetragen. Mein Vorgänger, der legendäre Wildmeister Sepp Fegg, hatte diese Sulze angelegt. Gegenüber war ich vom Rosskopf abgestiegen und hatte mich, da es von der Sulze her rot schimmerte, unter eine tiefastige Fichte gesetzt. Meine Hella saß mit aufgestellten Behängen neben mir. An der Salzlecke stand ein mittelalter Hirsch, es war ein gerader Zwölfer und leckte vom roten Stein. Mir war, als könnte ich ihn schmatzen hören. Langsam zog dann ein starker Gamsbock auch zur Sulze. Der Hirsch machte einen Schritt zur Seite und dann leckte auch der Gamsbock. Auf einmal gesellte sich von den Erlen herausziehend noch ein junger Rehbock zu seinen Waldbrüdern. Mit dem Spektiv konnte ich dann die zufriedenen Gesichter, die genussvoll vom Salz leckten, beobachten. Ein Bild des Friedens offenbarte sich mir. Wie friedlich können doch Wildtiere untereinander sein! Dieses Bild hätte ich wohl nie schauen dürfen, wenn ich mit donnerndem Knall der Büchse, den Rehbock erlegt hätte, wie es von herzlosen „Papierverschandlern" von oben befohlen war. Ich war so glücklich und zufrieden, als ich vom Berg kommend, daheim meiner Frau und den Buben vom Geschauten erzählen konnte.

Ein ganz besonderes Gamsjagderlebnis darf ich hier noch niederschreiben. Bei der Durchsicht der Abschussergebnisse stellte ich fest, dass wir den Abschuss noch nicht ganz erfüllt hatten. Ich verständigte den Chef, FD Thierfelder, und bat ihn, mit aufzusteigen ins „Gamsgebirg". Leider musste er absagen, so dass ich alleine meine Bergschuhe in den Altschnee setzen musste. Der Winter hatte nur sehr sporadisch seine eisigen Finger in den Berg gesetzt. Ein wunderschöner Morgen kündigte sich über den Schlierseer Bergen an. Meine Frau hatte mir zur Weg- und Arbeitsstärkung nicht nur „a saubere Brotzeit" für Herr und Hund in den

Drei Wildarten miteinander: Hirsch, Gams und Reh vertragen sich im Revier untereinander und sind eine Bereicherung des Wildbestandes. Sie als „Schädlinge" anzusehen, kommt nur jemanden in den Sinn, der ein solches Bild selbst noch nicht gesehen hat.

Rucksack gesteckt, sondern was ganz wichtig war, ihren berühmten „Jagatee". Als ich über die Almrücken zur Oberen Petzinger Alm marschierte, knirschte der festgefrorene Schnee unter meinen schweren Bergschuhen, die mir Meister Sittenauer, ein Spezialist für Bergschuhe, maßgeschneidert hatte. Auch die Lodengamaschen hatte mir der Meister gemacht, so dass ich mit dieser Spezialausrüstung nie kalte Füße bekam, denn mein Lehrherr hatte mir schon vor Jahrzehnten den Spruch eingetrichtert: „Warme Füße, kühler Kopf, sind des Bergjägers wichtigster Zopf." Meine Hella tänzelte neben mir her, als ich über den alten Almsteig zum Kümpfl-Almgebiet, am fest zugefrorenen Pfanngraben, unter dessen Eisschicht man nur leises Wassergrummeln hörte, aufstieg. Immer wieder blieb ich stehen und leuchtete mit dem 7 x 42 Leitz Trinovid die Alm- und Felshänge ab. Oberhalb der oberen Petzinger Alm zog noch sehr spät ein einzelner Schmalspießer mit ellenlangen und dicken Spießen über den weiten Almboden. Ich achtete immer auf die Stärke der Spießer und zum Vergleich nahm ich die Lauscher oder auch die untere Hälfte der Vorderläufe her. Der Schmalspießer hatte alles, was man sich für eine gute Veranlagung vorstellen kann. Immer wieder erkläre ich den angehenden Jungjägern und auch älteren Jägern, dass auf einem dicken Rosenstock auch dicke Stangen wachsen können. Ich pfeife auf hohe Stangen, wenn sie dünn sind wie „a Pfeifenröhrl". Langsam stieg ich weiter über den Waidgraben den Wildfeldalmen zu. An der Hock an der Melkstatt ließ ich den Rucksack von der Schulter gleiten. Mittlerweile war ich schon drei Stunden unterwegs, denn von der Schlierseer Dorfkirche hörte ich das „Angelusläuten" verschwommen zu mir, dem einsamen Bergjäger, raufklingen und der Hunger machte sich bemerkbar. Meiner Hella, die schwanzwedelnd neben mir sich auf der Kotze niedergelassen

Bergschuhe müssen perfekt passen. Beim Kauf ist daher auf einen guten Sitz zu achten. Der Fuß, vor allem der Knöchel, sollte fest im Schuh sitzen. Die Sohle sollte nicht zu weich sein, um auch im schwierigen Gelände selbst mit der Schuspitze Halt zu finden und damit sie sich im Geröllfeld nicht zu schnell abnutzt. Sie sollte aber auch nicht zu hart sein, damit sie beim Pirschen nicht zu viel Krach macht.

Bei Rotwildspießern achte ich nicht nur auf die Höhe der Stangen, sondern auch auf die Dicke der Rosenstöcke und der Stangen.
Als Maßstab kann man die Lauscherhöhe und die Dicke der Vorderläufe nehmen.

Das Hüttenleben gehört zur Bergjagd dazu.

Gerade zur Gamsjagd hat sich die schnelle 6,5 x 57 R bestens bewährt.

hatte, stand natürlich genauso eine Brotzeit zu wie ihrem Führer, der ich mir den unverwüstlichen Filzfleck unter den „Spiegel" geschoben hatte. Redlich teilte ich mit meinem „Hundl" auch die Tafel Schokolade, die ich aus meinem Schnerfer gezogen hatte. Über uns spannte sich ein azurblauer Himmel und die Sonne meinte es nochmals sehr gut mit uns beiden. Von der „Holzspodel" (einer unserer braven und fleißigen Holzknechte hatte mir diese als Andenken und „zum Hernehma" extra gemacht) zog ich den tellergroßen Deckel und angelte uns die „Jausen" aus dem feinen Brotzeitbehälter.

Die Gamsbrunft war mittlerweile schon fast vorbei, trotzdem gab es mir einen Renner, denn neben dem Almsteig bläderte „a schwarzer Zottl" von einem Gamsbock daher. Mit steifläufigen Schritten, wie ein „altes Manndl", zog vor dem Bock eine steinalte und ausgesprochen „hagere" Gamsgeiß voraus. Ich legte die Brotzeit zur Seite und angelte den Spektiv aus meinem Rucksack. Das Gesicht der alten „Schnarchel" zeigte fast keine Zügel mehr und der Rahmen glich einem ausrangierten Sägebock. Hier gab es nichts mehr zu überlegen. Ich holte aus der Ecke meiner Hock meine klassische „Gamsjagabix", den Ischlerstutzen, zog den außen liegenden Hahn auf und ging von oben kommend mit dem Viererabsehen ins Leben der Uraltgeiß. Mit dem Einschlag der im Berg so bewährten 6,5 x 57 R sackte das Bergwild in sich zusammen. Mit einigen schwerfälligen Fluchten setzte der Bock über den steil abfallenden Grabenboden zu mir rüber. Als ich ihn ins 7 x 42 nahm, konnte ich den sofort nachgeladenen Ischler nochmals laut aufbellen lassen. Auch hier brauchte ich nicht mehr lange überlegen, denn der späte Hochzeiter hatte sicherlich auch schon einige Winter auf seinem spitzen Ziemer. Nun ließen meine Hella und ich Brotzeit und Tee mit Rum auf der Hockbank stehen und stiegen zum Wild rüber. Als Erstes stieg ich am Steig zur Geiß. Mehrmals zählte ich mit zittrigen Fingern die Jahresringe und ich kam dabei auf 16 Jahre. Dann stieg ich mit eingespreiztem Bergstock zum Grabenboden und zum Gamsbock runter. Hier konnte ich 13 Jahresringe auf der niedrigen, aber stark verpechten Krucke zählen. Mühsam schleppte ich den Bock, auch er hatte wie seine späte Hochzeiterin keinen Feist unter der Decke und im Wildkörper, zur Hock und meiner Brotzeit rauf. Wer kann schon sagen, dass er 29 Jahre auf einmal erlegt hat?

Ein besonders nettes Erlebnis hatte ich mit unserem Präsidenten des Landesjagdverbandes Bayern, Prof. Dr. Jürgen Vocke. Wir hatten uns einige Tage Gams- und Kahlwildjagd vorgenommen und hausten dafür in seiner pfundigen Jagdhütte. Die Gamsbrunft hatte mittlerweile ihren Höhepunkt erreicht, als wir nach einem langen Pirschgang hungrig und durstig die Hüttentür öffneten. Bei warmer Hütte, einer sauberen Brotzeit und dem edlen Roten aus dem Schwabenlande konnten wir es gut aushalten. Da wir aber für den nächsten Morgen eine längere Pirsch geplant hatten, trieb ich dann doch zu Bette. Das Schnarchkonzert unseres Präsidenten konnte sich hören lassen, ich schlief aber trotzdem sehr gut, bevor wir zeitig in der Früh über die raureifigen Almböden dem Gamsberg zustrebten. In einer Hock ließen wir uns hinter der Verblendung nieder. Beim Aufstieg glaubte ich das Blädern eines Gamsbockes vernommen zu haben. Nach kurzer Zeit begann auch ich zu blädern. Da, auf einmal vernahm ich den ziegenähnlichen Bläderer aus dem steil aufsteigenden Bergwald. Immer wieder gab mir der Bock Antwort. Auf einmal, meine Hella saß mit

Zum Jagen im Berg gehört eine anständige Verpflegung. Und zum Hüttenleben gehört für mich der Kaiserschmarrn einfach dazu. Hier also das Rezept für 2 Personen für den Kaiserschmarrn nach Wildmeister Art:
- 4 EL Weizenmehl
- ¼ Liter Almmilch
- 4 Eier
- etwas Zucker nach Geschmack
- Butter oder Butterschmalz
- in Rum getränkte Rosinen
Weizenmehl mit Milch, Eidotter und Zucker verrühren, Eiweiß steif schlagen und unter die Schmarrnmasse heben.
In einer Pfanne die Butter leicht bräunen und dann den fertigen Teig einrühren.
Die Rosinen unter den Teig heben und unter mehrmaligem Wenden leicht anbräunen.
Wenn der Schmarrn goldgelb glitzert, ist er fertig.
Dazu passt Apfel- oder Zwetschgenkompott.

91

Den Schwarzen Teufel im hellen Schnee zu beobachten, ist immer wieder ein Erlebnis.

aufgestellten Behängen und windendem Nasenschwamm neben mir, zog über eine schmale Felsnase der Bock. Hier brauchte ich normalerweise kein Spektiv mehr und trotzdem zog ich mein unverwüstliches Swarovski aus der Lederhülle. Vor uns stand suchend der klassische 2B-Bock: niedrige Krucke, dünne Schläuche, 6–7 Jahre. Hell bellte die Blaser Kipplaufbüchse ihr todbringendes 30-06 Projektil zum Gamsbock rauf. Mit dem Einschlag des Geschosses sank dieser in seiner Fährte zusammen. Bald darauf jodelte die Hella zu uns und zur markanten Felsformation der „Drei Brüder" ihr Gams tot. In dieser wuchtigen Landschaft, umgeben von der typischen Bergjagdkulisse, von Felswänden und Sandreisen, vom Bergwald und weiten Latschenfeldern, vom Glitzern der ewigen Schneefelder und steilen Felshängen und tiefen Felsgründen; hier ist es einfach unmöglich, den Augenblick nicht zu genießen.

Das Ansprechen von Gamswild

Junge Geiß:

Hochläufiges Erscheinen, steht beim Scharwild und ist auf die Führung durch die Mutter bzw. ältere Geiß angewiesen. Jugendli-
che Figur, kein Hängebauch, klare deutliche
Zügel, stark ausgeprägter Keulenfleck. Die
Körperhöhe beträgt ca. 70 cm, die Länge
ca. 100 cm. Die Krucke ist ovaler und in
der Regel schwächer gehakelt. (Vorsicht: Es
gibt Geißen mit bockähnlichen Krucken und
auch umgekehrt.)

Typisch Geiß: Eng zusammenstehende Krucken
mit geringer Hakelung.

Jährlinge und Jahrlinge:

Mit Beginn des zweiten Lebensjahres
spricht man beim weiblichen Wild vom Jährling, beim männlichen vom Jahrling.

Die Krucke des Jährlings ist meistens niedriger und oval, die Krucke des männlichen
Gams rund und stärker gehakelt. Beide Geschlechter stehen noch beim Scharwild.

Wenn Jahrling oder Jährling schlecht verhaart haben, dann sollten sie aus der Wildbahn genommen werden.

Junger Bock:

Im Unterschied zur jungen Geiß ist
der junge Bock im Erscheinungsbild
kantiger, das Haupt ist eckiger, die
Krucken rundlicher und auch stärker -
auf einen Blick eben männlicher. Junge Böcke stehen bis zum Beginn des
dritten Lebensjahrs noch gerne beim
Scharwild, ehe sie sich zu den Böcken
(meistens jüngeren Kalibers) gesellen.
Junge Böcke haben wie junge Geißen
einen deutlichen Keulenfleck. Der
Pinsel ist beim jungen Bock nur ein
dünner Haarzapfen. Deutliche Zügel.

Die Krucken sind deutlich gebogener als bei der Geiß.

Die Krucken der Geiß dienen auch als Waffe gegenüber Beutegreifern wie dem Adler. Die deutlich gebogeneren Krucken der Böcke taugen dazu nicht.

Mittelalte Böcke:

Sie haben bereits eine sehr männliche Figur. Ihr Erscheinungsbild ist geprägt von einem starken Wildkörper. Der Keulenfleck verschwindet langsam, die Schlegel oder Keulen werden gerader. Der mittelalte Bock zeigt zu Beginn der Brunft bereits einen deutlichen Pinsel. Die Gesichtszügel werden langsam undeutlicher oder verwaschener. Wenn die Kruckenspitze genauso hoch wie die Lauscherspitze ist, dann hat man es mit einer niedrigen Krucke zu tun, was in der Regel ein Abschussgrund ist. Dünne Krucken, schlechte Hakelung sowie schlechtes Verfärben, d. h. fuchsiges Erscheinungsbild, sind weitere wichtige Abschusskriterien. Mittelalte Böcke stehen in den Sommermonaten gerne zusammen. Diese Böcke haben den besten Wachler (Bart).

Alte Geißen:

In einem sozial aufgebauten Gamsbestand spielt die alte Geiß eine äußerst wichtige Rolle. Sie weiß genau, wo sie in stürmischen Zeiten das Rudel hinführen muss, und bezieht als Erste den Wintereinstand.

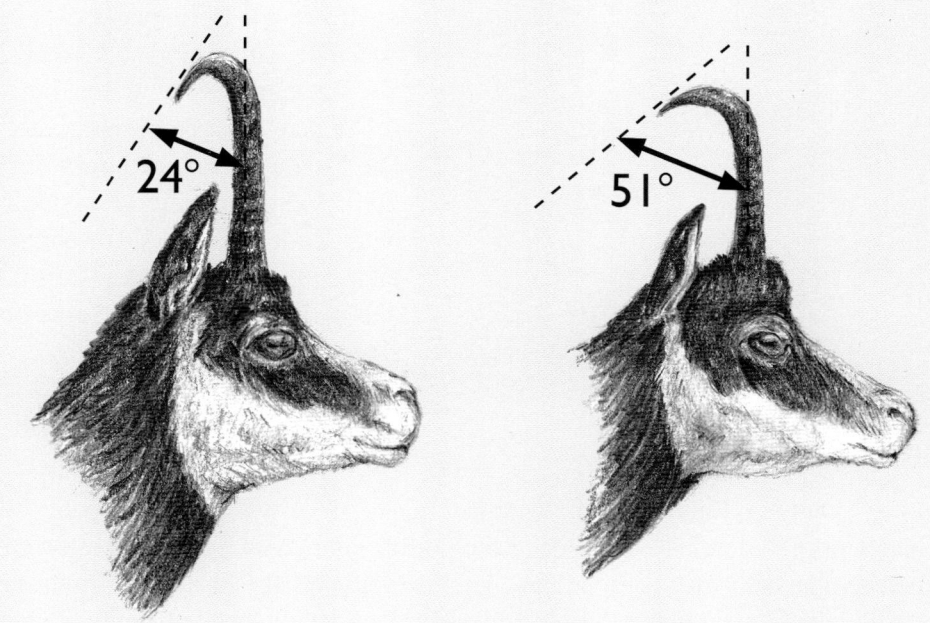

Kruckenstärke und „Hakelung" bei typischen Bock- (li.) und Geißkrucken (re.).

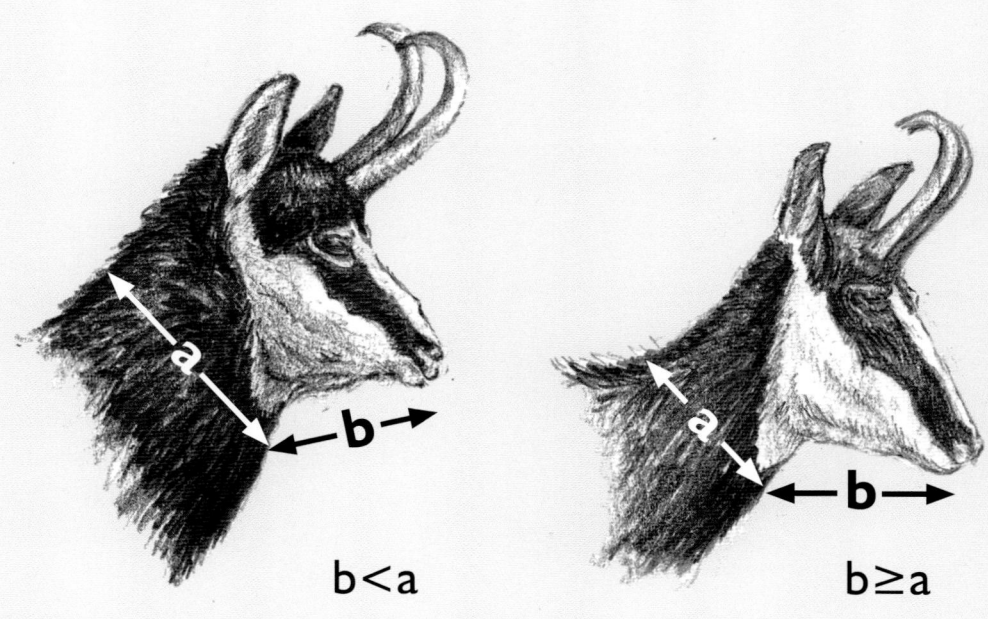

b<a   b≥a

Typisches Verhältnis von Kinnlänge (b) zu Trägerdicke (a) bei Bock (li.) und Geiß (re.).

Alte Geißen haben ein ausgeprägt eckiges Gestell, einen eckigen Rahmen, wie wir Berufsjäger dies bezeichnen. Die Zügel sind total verwaschen, die Beckenknochen treten hervor, die Lichter treten auch hervor (batzlaugig). Die Decke ist stumpf und fuchsig (rötlich). Wenn so eine Geiß nicht mehr beim Rudel (Scharwild) steht, dann hat man es mit einer uralten Dame zu tun, und es zieren die Krucke eine gehörige Zahl von Jahresringen.

Alte Böcke:

Eckiger, kantiger Rahmen. Einzelgänger mit total verwaschenen Zügeln, oberhalb der Lichter graue talergroße Flecken. So ein alter Gamsbock steht in der Brunft nicht mehr beim Scharwild, er holt sich eine einzelne Geiß und verschwindet mit dieser in einem verschwiegenen Graben oder im Bergwald. Den alten Bock trifft man höchst selten beim Scharwild. Er will seine Ruhe haben. Im Sommer steht der alte Bock im Bergwald und kann bereits dort erlegt werden.

Bejagung von Gams

Die Krickeln eines jungen Bockes.

Ich habe mit dem Abschuss von Gamsgeißen und Jahrlingen bzw. Jährlingen bereits im Sommer begonnen. Hier habe ich die beste Möglichkeit, das Wild anzusprechen und ohne starke Beunruhigung den nötigen Abschuss zu tätigen. Die Bejagung von Gamsböcken kann dann in der Gamsbrunft erfolgen. Den einen oder anderen Bock kann man auch in den Sommermonaten ernten.

In den Wintermonaten muss im Gamsgebirge Ruhe herrschen. Der Wildkörper ist auf Sparflamme heruntergefahren, darum sollte hier mit der Jagd keine Beunruhigung einhergehen.

Das Rehwild

Viele Jahre spielte das Rehwild im Hochgebirge und im Bergwald nicht die Rolle, die ihm genauso zusteht wie den übrigen Wildarten. Man versorgte seine Rehfütterungen, erlegte seinen Rehbock, ganz selten ein weibliches Stück Rehwild, eventuell ein Schmalreh oder eine einzelne alte Rehgeiß, und damit hatte es sich schon. „Wegen so einem „Reherl" werde ich mir doch nicht das Hochwild vergrämen, war auch ein geflügeltes Wort nicht nur der Berufsjäger, sondern auch von vielen Forstleuten und Jägern. Das Hochwild ging eigentlich über alles.

Kein Geringerer als der wohl beste Waidmann seiner Zeit, ein Forstmann und Jäger der Extraklasse, seine königl. Hoheit Herzog Albrecht von Bayern, führte uns Berufsjäger zu neuen Ufern. Was hier in den steirischen Revieren des Bayernherzogs für neue Wege gegangen wurden und was hier erreicht wurde, kann man sich gar nicht vorstellen. Es wurde eine neuer Rehwildschlag hergehegt und es wurden sowohl bei den Wildbretgewichten als auch bei den Trophäen unglaubliche Hegeerfolge erreicht. Auch ich stellte mich diesem Fragenkomplex, versuchte in meinem Berufsjägerrevier die Herbstmast zu simulieren und tatsächlich stellten sich von mir nie geglaubte Erfolge ein. Wie sagte Herzog Albrecht von Bayern immer wieder: „Man kann nicht genug Jährlinge erlegen!", und er hatte mit seinen Aussagen und seiner Erfahrung bei Gott recht. Wenn das Hochwild eingezogen war, blieb ich auf einer Kanzel oder einer „Hock" bis in den hellen Vormittag sitzen und ich musste nur so staunen, wie viele Rehe erst jetzt auszogen. Ich hatte meinen Rehwildbestand weit unterschätzt, musste jetzt zugeben, dass ich den größten Teil meines Rehwildes, insbesonde-

Ein guter Roter.

Noch heute Klassiker: „Über Rehe in einem steirischen Gebirgsrevier" und der dazugehörige Bildband „Weichselboden", aber auch das Werk „Das jagdliche Vermächtnis des Herzog Albrechts von Bayern".

„Man kann nicht genug Jährlinge erlegen."

Ricke im Bergwald. Im Sommer findet sich ausreichend Nahrung, im Winter sind es nicht selten die aus dem Schnee herausschauenden Terminaltriebe, die verbissen werden.

Die Fütterung von Rehwild am Berg vermindert deutlich die Verbissschäden im Lawinenschutzwald.

Durch gezielte Fütterung steuern wir die lokale Wilddichte und entlasten gefährdete Revierteile.

re den weiblichen Teil gar nicht kannte. Den Abschuss steigerten wir weit über das zuerst geplante hinaus und es war für mich immer wieder eine große Freude, mit einem Jagdgast einen reifen Bergbock zu erlegen, in staunende und glückliche Jägeraugen zu schauen und auf dem abgewetzten Jagdhut den Bruch zu überreichen. Leider wurden nach meinem Abgang, meiner Versetzung, sämtliche mit so viel Idealismus erbauten Rehfütterungen abgerissen. Es sei mir die Frage erlaubt, was wohl besser ist: Rehwild an den Fütterungen stehen zu haben oder es unkontrolliert im empfindlichen Bergwald herumzigeunern zu lassen? Die Folgen bei Letzterem sind ja inzwischen hinlänglich bekannt.

Natürlich konnten wir nicht so exklusiv füttern wie das herzogliche Revier Weichselboden, aber ich konnte ein Futter zusammenstellen, das mein Wild mit Gier aufnahm. Manche Jagdgäste kamen aus dem Staunen nicht heraus, welch starkes Rehwild im harten Berg seine Fährten zog. Auch in der Jagdstube unserer Förster und Berufsjäger zieren grob geperlte und hohe „Rehgwichtl" die Wände und so war es auch mir vergönnt, starke Böcke vom Berg herunterzutragen.

Meine Herbstmast bestand aus einem Gemisch aus feinem Berggras, etwas Hafer, Biertreber, Maissilage, Apfeltrester und Druschabfällen, die ich in Plastiktonnen schichtete. Nach dem Ende der Hirschbrunft begann ich mit dem Beschicken der eingezäunten Rehfütterungen, die ich zusätzlich mit Anisöl einschmierte. Und der Erfolg gab mir recht. Die Fütterungen waren gut besucht, jede Woche musste ich neues Futter in die Tröge schütten und sowohl die Wildbretgewichte als auch die Trophäenqualität nahm stetig zu. Mir war aber auch völlig klar, dass ich mehr Rehwild erlegen musste. Ich verfuhr nach der Methode: „Das Gute ist des Besseren Feind." Ab dem ersten Tag der Schusszeit auf weibliches Rehwild und Kitze, auf den Brunftplätzen des Rotwildes herrschte absolute Ruhe, begann ich mit dem Abschuss besonders der Kitze. Öfters blieb ich bis in den hellen Vormittag sitzen und so konnte ich ohne größere Störung einiges an Rehwild erlegen. Ich stellte auch fest, dass dort, wo weniger Rotwild seine Fährten zog, die offenen Lücken durch das Rehwild aufgefüllt wurden. Ich konnte hier einen großen Teil meines Abschusses tätigen, ohne die bald einsetzende Rotwildbrunft zu stören und ohne das Hochwild zu beunruhigen. Mit meinem wunderschönen und giftig schießenden Ferlacher Bergstutzen mit Hähnen (in dieser „Bix" schoss ich das Kaliber 5,6 x 52 der klassischen Rehwildpatrone und der kleineren Hornet) konnte ich einen Großteil meines Rehwildabschusses tätigen. Oft genug saß ich an einem weitläufigen Schlag an und oft genug glaubte ich, dass nun kein Stück mehr erschei-

Herbstmast für Rehwild: Berggras, Hafer, Biertreber, Maissilage, Apfeltrester und Druschabfälle.

Die Rehfütterungen schmierte ich mit Anisöl ein.

In störungsarmen Revierteilen zieht das Rehwild bis in den hellen Vormittag auf die Freiflächen. Jetzt kann der Jäger erfolgreich Strecke machen, ohne das Hochwild zu stören.

Vor Beginn der Notzeit muss der Abschuss erfüllt sein, daher direkt mit Beginn der Jagdzeit gezielt und intensiv auf Rehwild jagen.

nen würde, doch immer wieder bekam meine Büchse aufs Neue zu tun. Trotzdem oder gerade deswegen gelang es mir, bis zum Einsetzen der harten Jahreszeit den geplanten Rehwildabschuss zu erfüllen und nun konnte ich alles in meinen Kräften stehende tun, dem Wild über die kalte und schneereiche Zeit zu helfen.

Aber eines muss uns allen klar sein: Ein Rehwildbestand lässt sich nicht zählen! Habe ich eine gute Fütterung muss ich auch wesentlich mehr Wild erlegen, denn wie oft wird der Verbiss durch das Rehwild dem Rotwild in den Äser geschoben. Das Reh ist ein Selektionsäser, und wenn man einem Stück Rehwild zuschaut, wie „gnaschig" (wie wir in Oberbayern sagen) es ist, wie es nur das Beste herausäst, dann kann man auch, ja man muss auch die berechtigten Forderungen der Waldbesitzer und der Forstleute verstehen, dass man, wenn der Verbiss zu hoch wird, mit der Büchse eingreifen muss. Auch hier empfehle ich den „goldenen Mittelweg", jegliches Extrem ist wie immer von Schaden. Wie sagte der bekannte Almbauer Peter Regauer immer wieder: „Zu wenig und zu viel – ist dem Narren sein Ziel." Der Peter und nun sein Sohn Stefan bewirtschaften einen der schönsten Höfe im Bayerischen Oberland, den „Jodlbauernhof". Alleine die Fassadenmalerei, wir sagen dazu „Lüftlmalerei", ist immer wieder ein Anziehungspunkt für Film und Fernsehen und ziert viele Kalenderseiten.

Ein vernünftiger, nicht überhöhter Bestand des Rehwildes lässt auch Trophäenstärke und Wildbretgewicht steigen.

Ein Bock treibt die Ricke.

Die Bejagung der Böcke in der Blattzeit brachte manche Überraschung zutage. Ich baute im Bergwald bescheidene Ansitzschirme: einfach zwei Stempel in den oft steinigen Boden getrieben, mit Stangen an Bäumen befestigt, ein breites Sitzbrett, es muss auch einen schwergewichtigen Jagdgast aushalten. Das Ganze habe ich dann mit Ästen verblendet. Meistens errichte ich diese Schirme dort, wo sich Schatten und Licht spiegeln, unter einer Alttanne oder am Rande eines Schlages mit dichter Krautflora, das waren meine speziellen Rehwildecken. Zur Hock führte ein gekehrter Steig und ich ging grundsätzlich nicht vor einer Stunde vom Blattstand.

Zuerst wartete ich ca. 20 Minuten, dann imitierte ich den feinen Ton der Geiß. Aber lassen Sie mich dies in Form eines besonderen Erlebnisses erzählen.

Kein Geringerer als der Jagdreferent des Bayerischen Staatsministeriums für Ernährung, Landwirtschaft und Forsten, Dr. Paul Leonhard, hatte bei uns einen Begehungsschein. Mehrere Tage probierte er es schon alleine auf den Bergbock und es wollte einfach nicht klappen. An einem schwülwarmen Spätnachmittag, es war der 15. August, stiegen wir zu dem Revierteil „Brodtröge" auf. Meine 8 Monate alte BGS-Hündin, wieder eine Hella, legte ich hinter uns auf der Lodenkotze in den Erlen ab. Der Wind stand, wie der Bovist zeigte, uns ins Gesicht, es passte also. Nach zwanzig Minuten blattete ich mit dem Geldschein die erste zarte Blattarie zum Bergwald rauf. Längere Zeit rührte sich überhaupt nichts. Nur von den Schönfeldalmen her hörten wir das Gebimmel der Almviehglocken. Nun zeterte ich mit dem Angstgeschrei zu den neben uns sich raufziehenden Erlenhang. Ich schaute einmal zu meiner kleinen Hella rüber und stellte fest, dass sie mit zittrigem Nasenschwamm zu den Erlen rüber deutete. Im

Blattjagd: Geduld und gute Revierkenntnis führen zum Erfolg.

Die goldenen Regeln der Blattjagd:
- Einen Stand zwischen Licht und Schatten und auf dem Boden (keine Kanzel) wählen.
- Nachdem man den Stand erreicht hat, ca. 15–20 Minuten bis zum ersten Blatten warten.
- Leise anfangen zu fiepen.
- Nach 15–20 Minuten: lauter, Angstgeschrei und Keuchen des treibenden Bockes imitieren.
- Während des Blattens drehen, denn das Reh steht auch nicht.
- Plätzen und Fegen des Einstandsbockes imitieren (gerade zu Beginn der Blattzeit).
- Mindestens eine Stunde am Stand ausharren.

Mit der richtigen Technik kann man auch zur späten Blattzeit erfolgreich sein.

Zum Prüfen des Windes nutze ich einen Bovisten. Sein feiner Samen zeigt auch beim leisesten Wind die Richtung an.

nächsten Augenblick zog aus den tiefastigen und dichten Erlen ein starker und vor allem alter Rehbock zu uns rüber. Dr. Leonhard brachte seine Büchse in Anschlag und im nächsten Augenblick stürmte der Rehbock, er hatte sehr gut gezeichnet, an uns vorbei in die Erlen, wo die junge Hündin lag. Keine zwei Meter neben der Hündin brach der Waldfürst zusammen, ehe das Grollen des Schusses in den Valepper Waldbergen verhallte und an den steilen Felsen des Sonnwendjochs ausgrollte. Die Hündin blieb eisern liegen, nur das Zähneklappern verriet die hohe Jagdpassion des jungen „Hunderl". Kurz darauf verkündete ihr mit hoch erhobenen Köpferl singendes Totverbellen: „Der Bock ist tot." Meine sämtlichen Jagdgäste staunten nur, wenn ich mit dem Geldschein, aber auch mit einem Parkschein zu blatten anfing.

Wenn der Rehbock zustand, aber nicht recht ziehen wollte, dann presste ich immer die Lippen zusammen und konnte so einen täuschend echten Ton hervorbringen. Ich plätzte auch manchmal und brach einen kleinen Ast ab, dabei keuchte ich, als ob der Bock an der Schürze der Geiß hängen würde. Vielen Jagdgästen habe ich so nicht nur zu stolzen Trophäen verholfen, sondern auch zu besonderen Erlebnissen.

Eines davon ist auch mir noch gut in Erinnerung. An einem nasskalten Frühjahrsmorgen, der Nebel lag bleiern überm Berg, stiefelte ich mit einem Salzstein auf der Kraxe zur höchsten Salzlecke in meinem weiten Revier. Hoch am Berg, oberhalb der Kümpflalmen, hatte ich unter eine weit ausladende Altfichte im letzten „Langst" eine bescheidene Hock gebaut. Rundherum standen nur Latschen und steile Felsrinnen.

An der Elendalm hatte ich den VW abgestellt, mir den Natursalzstein auf die Kraxe geschnürt und diese auf den Rücken gestemmt. Das Sonnwendjoch zeigte langsam seine Kon-

Nicht nur das Blatten, sondern auch alle anderen Geräusche eines liebestollen Rehbockes kann man nachmachen.

turen aus der Nebelbrühe und vom Kreuzberg her hörte ich noch einen verspäteten Hochzeitsgesang eines Kleinen Hahnes. Mit gleichmäßigen „Bergjagaschritten", wie man den Berg angeht, so geht man ihn auch aus, stieg ich über die steile Grat, die sich zum Hirscheck raufzieht, den Kümpflalmen zu, wobei mir der dritte Fuß, der Bergstock, wichtige Dienste leistete. Dort, wo ein schmaler Steig zum oberen Pfanngraben und zur Kümpflhütte abbiegt, saß mit nassem Gefieder eine Auerhenne, keine zwei Meter neben dem Steig auf ihrem Gelege. Ich nahm die Hella an den Riemen und redete ihr gut zu. Immer tiefer sank das Köpferl der Waldhenne zum Boden. Langsam stiegen wir an der Bodenbrüterin vorbei. Der Wind stand uns ins Gesicht und ich musste die Hella, sie windete zum scheuen Waldvogel, schon etwas fester an den Riemen nehmen. Warum suchst du ausgerechnet diesen Platz zum Brüten aus?, war mein Gedanke. Was bewegt den scheuen Waldvogel sich so einen Brutplatz auszusuchen? Unter den ersten überhängenden Latschen schlüpfte ich durch und stieg, den Bergstock musste ich nun schon fester einsetzen, über den noch reichlich Schneewasser führenden und wild tosenden Hochgebirgsbach zur Diensthütte rauf. Auf einmal stand ich im hellsten Sonnenlicht, die Nebelgeister hatten sich in kürzester Zeit verzogen. Nun konnte ich meine Hella endlich vom Riemen lassen. Mit schrägem Kopf äugte mir meine so sicher arbeitende Nachsuchenspezialistin nach, als ich nicht die Hütte aufsuchte, sondern nun den letzten, aber sehr steilen und vor allem steinigen Aufstieg zur neuen Sulze am Kümpflgrat unter die grobstolligen Bergschuhe nahm. Am Hüttenanger äugten die „Mankei" blinzelnd in das Sonnenlicht, ehe sie pfeifend in ihren Behausungen verschwanden. Immer wieder deutete mit zittrigem Nasenschwamm meine Hündin zu den Erdlöchern, wo soeben die Murmeltiere einge-

Gerade für den ungeübten Bergjäger gilt: Den Berg mit kleinen, ruhigen Schritten angehen.

Murmeltiere sind aufmerksame Bergbewohner. Obwohl sie neugierig sind, wittern sie die Gefahren sehr frühzeitig.

Böcke schrecken recht schnell. Imitiert man das Schrecken seinerseits, signalisiert man dem Bock, dass keine wirkliche Gefahr droht, sondern sich lediglich ein Rivale im Revier befindet.

fahren waren. „Da bleiben – lass de Mankei in Ruhe." Noch mehrere solche Sprüche musste die Hella, sie zitterte jetzt am ganzen Körper, über sich ergehen lassen. Endlich glaubte ich aus der Gefahrenquelle gekommen zu sein, als wir nun über die steilen Schroffen zur Hock und zur Sulze aufstiegen. Es war eine elende Schinderei, zumal es nun die Sonne besonders gut mit uns meinte. Mir rann der Schweiß aus allen Poren kommend nur so über das Gesicht und meine durchtrainierte BGS-Hündin hechelte, dabei immer wieder Altschnee aufnehmend, neben mir her. Gerade als ich die letzten Meter schwer schnaufend in Angriff nahm, kröchelte neben mir aus den Latschen kommend, ein starker Rehbock über die schmale Almzunge. Mein altes 7 x 42 Hensoldt-Glas zeigte mir eine besonders starke Rehkrone. Ich schreckte den Bergbock an und er machte ein kurzes Haberl. Mein Jagdglas ließ aber kein langes Beobachten zu, denn es lief sofort an. Mit langen Fluchten, seine Empörung laut herauspressend und herausschreckend, klappte hinter dem Bock die Latschenkulisse zusammen. Lange Vorderenden, eine enge Auslage und starke Dachrosen glaubte ich noch gesehen zu haben. Meine Hella hatte sich auf meine Bergstiefel gesetzt und äugte dem noch nie gesehenen Bergbewohner nach. „Den Bock miaß ma uns merken", sagte ich zu ihr. Da heroben, auf 1700 Höhenmetern, hatte ich noch nie ein Reh, geschweige denn so einen starken Bock gesehen.

Die im Vorjahr erbaute Hock hatte ich wegen des Hochwildes, das hier nicht nur in der Brunft, sondern bereits im Hochsommer seinen kühleren Einstand bezogen, die Sommerfrische angetreten hatte, errichtet. Endlich konnte ich den Salzstein unter die Steinplatte schieben und wir zwei setzten uns neben einer Latschenzunge in die Sonne. Aus dem Sackerl holte ich die wohlverdiente Brotzeit, die meine Frau für uns zwei eingepackt hatte. Natürlich zuerst der Hund und dann das „Herrle". So eine Brotzeit am Berg, besonders nach einer schweren Schinderei ist doch was Köstliches und ich hätte mit keinem gekrönten Haupt tauschen mögen, als mir das Bier genussvoll durch die Gurgel rann. „Mensch Konradl", sagte ich zu mir, „ist doch die Bergheimat schön." Der Blick

Ein Bestandteil der Jagd ist es, die Landschaft genießen zu können.

reichte vom Sonnwendjoch zu den Stubaier und den Zillertaler Alpen über das wuchtige Karwendelgebirge bis zur Zugspitze und schemenhaft konnte man sogar die Allgäuer Felszapfen und Alpmatten erahnen. Die Tegernseer und die Schlierseer Berge waren zum Greifen nahe.

Alpendohlen bieten ein faszinierendes Schauspiel.

Als ich so am Schnabulieren war, standen plötzlich mit gespreizten Schwingen die Alpendohlen über mir. Woher wussten denn diese „Bettelsäcke", diese Kobolde der Lüfte, die es wie keine anderen Flugkünstler verstehen, mit den aufsteigenden und dann wieder fallenden Winden zu spielen, zu kreisen und sich zu drehen, dass ich mich hier zu einer Brotzeit niedergelassen hatte? Wer hat ihnen gesagt oder mitgeteilt, dass es hier was zum Erbetteln gab? Es war für mich immer wieder faszinierend, wie diese Luftakrobaten mal im pfeilschnellen Flug, dann wieder mit gespreiztem Stoß und gefächerten Schwingen regelrecht in der Luft stehen konnten. Ihr melodisches Pfeifen und ihr untrügliches Finden, sowohl der Bergwanderer als auch der Jäger, hatten mich schon so oft fasziniert. Ich war mir sicher, dass sie mich erkannten. Ich warf das Brot den in der Luft stehenden Flugkünstlern zu und mit einer pfeilschnellen Bewegung und einem schwenkenden Dahin- und Darübergleiten schnappten sie sich, wie meine Schweißhunde, wenn man ihnen was Fressbares zuwarf, Brot oder Obst. Doch diesmal war der Vogel zu langsam und das Brot landete direkt neben meiner Hella. Nun war ich gespannt, was diesen schlauen Berghüttenbesuchern wohl als Nächstes einfallen würde. Im nächsten Moment landete eine der rotzfrechen Dohlen keinen Meter neben meiner Hündin. Wie ein mongolischer Ringer, leicht schräg versetzt, mit trippelnden Schritten, gespreizten Schwingen und aufgeplusterter Halskrause, markierte dieser Frechdachs den Angriff aufs Brot. Mit rollenden Augen und leicht zitternd beäugte meine BGS-Hündin das „Dachä", ein typischer Ausdruck für unsere Bergdohlen. „Dachä" kommt von Klauen oder Stehlen, denn wir sagen zu einem, der sich auf unredliche Art bereichert,

„der klaut wia a Dachä". Immer näher trippelte die Dohle auf Brot und Hund zu. Im nächsten Moment schoss die Hella nach vorne. Mit einer wahren akrobatischen Bewegung warf sich der Flugkünstler in die Luft und Hella schnappte ins Leere. Im selben Augenblick warf sich das nächste „Dachä" aufs Brot und ehe meine Hündin kapierte, was hier los war, hatte der Vogel schon zugegriffen, und dann schnalzten mit ihrem pfeifenden Singsang die Flugkünstler über Kümpflkopf und Maroldschneid ins Blaue des Äthers und waren verschwunden. Mit tiefer Nase suchte dann meine Hella nach dem Brotrest, den sie sonst nie besonders begehrte, jetzt aber unbedingt haben wollte; sie war einfach futterneidig. Ich musste hell hinaus lachen.

Langsam trocknete der Schweiß von Gesicht und Hals, als ich mir nach einer ausgiebigen Brotzeit die Kraxe wieder auf den Buckel warf. Mit eingestemmten Bergstock rutschte ich auf den letzten Schneefeldern dem Almboden und der Diensthütte zu. Mein Weg führte mich zuerst zur Wasserreserve der Hütte und nach kurzer Zeit, ich brauchte den Schlauch nur in die Betontonne schieben, gurgelte das so wichtige Nass der Jagdhütte zu. Dann stiegen wir zur Hütte ab. Von Weitem schon sah und hörte ich, dass der starke Wasserstrahl den hölzernen Brunnentrog bereits aufgefüllt hatte. Laut knarrte das Schloss, als ich die Hüttentür öffnete. Ich hatte beim letzten Dienstgang im Dezember die Jagdhütte winterfest gemacht und so wie ich die Hütte verlassen hatte, so traf ich sie wieder an. Seit dem frühen Morgen war ich nun schon unterwegs, und ich hatte mir eine längere Pause verdient. Wochenlang war ich mit dem Versorgen der zahlreichen Fütterungen und dem Kontrollieren meiner „eisernen Krawattl", den Schwanenhälsen beschäftigt gewesen. Lange schon hatte es keinen Samstag und keinen Sonntag mehr gegeben und ich war

Berghütten müssen vor dem Winter dringend winterfest gemacht werden, Flüssigkeiten frostsicher verstaut oder entfernt werden. Nicht richtig gelagerte Matratzen und Kissen werden im Frühjahr von Mäusen gerne als Kinderstube benutzt.

ziemlich ausgebrannt. Heute hatte ich, Gott sei Dank, die letzte Sulze beschickt. Ich holte vom kleinen Dachboden den Liegestuhl und war in der wärmenden Sonne bald hinübergeschlummert. Sicherlich schlief ich einige Stunden, denn auf einmal wurde es doch kalt, die Sonne war bereits hinterm Schinder, der seine Felskrone in den azurblauen Himmel reckte, untergegangen, als mich meine Hella mit ihrer kalten Nase weckte und signalisierte, dass es Zeit war, heimzugehen. Über das Hirscheck stieg ich zu meinem VW Käfer ab. Kurz bevor wir den Steig verließen, nahm ich die Hella wieder an den Riemen, denn wir mussten am Brutplatz der Auerhenne vorbei. Mit brummendem Motor fuhr ich durch das Elendtal zur Valepp runter und dann zu meinen Lieben nach Hause. Den Bock von der Maroldschneid hatte ich mir in mein geistiges Tagebuch geschrieben.

Mit mehreren Gästen hatte ich schon erfolgreich auf Gamsgeiß und zwei Feisthirsche gepirscht, als mir eines Mittags, ich hatte mal keinen Gast zur Führung übertragen bekommen, der Maroldschneidbock wieder einfiel. Mit dem Chef hatte ich am Grünanger schon einen ordentlichen Rehbock erlegt und nun wollte ich es auf den verschwiegenen Latschenfürsten probieren. Mit strammem Rucksack, meine Frau hatte uns „a pfundige Brotzeit" eingepackt, nahm ich heute über den alten Rotwandweg den Berg in Angriff. Es war wieder ein schweißtreibender Aufstieg zur Hütte rauf. Heute wollte ich aber auf der Engelweg-Hütte bleiben und am Abend an der Melkstatt, hier wurden früher von den Sennern die Kühe gemolken, ansitzen. Auch von der Hütte her hörte ich das plätschernde Geräusch des Hüttenbrunnens. Im Laufe des Frühjahrs hatte ich ein „Tragl Bier" heraufgetragen und im stets gleichmäßig kühlem Kellerloch deponiert. Nachdem ich den Rucksack geleert und die Brotzeit auch untergebracht hatte, angelte ich mir den Bergstock aus dem Hütteneck und stieg mit umgehängter „Bix" über Wildfeld und Almanger zur Melkstatt auf. Mit aufgestellten Schwänzen und laut schnaufend zog die Rinderherde des Jodlbauers hinter mir her. Immer wieder bewindeten sie die Hella, die sich einen Spaß daraus machte, den neugierigen Kalbinnen ins Maul zu zwicken. Endlich hatte ich die Hock an der Melkstatt erreicht. Langsam zog Ruhe über den Berg. Nur von den Almen her hörte ich die wohlklingenden Laute der

Milchvieh kann erstaunlich gut klettern und ist selbst in hohen Bergregionen weit oberhalb der Alm anzutreffen.

Almviehglocken. Der Bergfrieden hatte Einzug gehalten. Leichter Dunst lag in den weiten Tälern von Valepp und dem Thalerl. Hinter mir steinelte es und ein Gamsscharl zog zur Alm und zum Anger am alten Rotwandhaus. Mit dem Spektiv musterte ich das Scharwild. Es waren lauter Gamsgeißen mit ihren Kitzen und Jährlingen, die mit übermütigen Bocksprüngen ihr Wohlbefinden anzeigten. Mit dem 7 x 42 Hensoldt suchte ich die Freiflächen, Kare und Rinnen des Kümpflalmgebietes ab. Auf einmal gab es mir einen Riss. Oberhalb der Hock am Kümpflkopf trieb ein Rehbock eine Geiß. Selbst mit dem Spektiv konnte ich nicht feststellen, ob es der im Frühjahr geschaute Kümpflbock war. In immer enger werdenden Spiralen durch die Latschen und um die Latschenzungen herum, tauchte das Hochzeitspaar wieder auf. Heute stieg ich früher ab, denn ich wollte am nächsten Morgen nach dem Bock schauen und eventuell etwas blatten.

Bald lag ich in meinem Hüttenkreister und beim gleichmäßigen Ticken des Weckers

Der Gartenrotschwanz gehört zu den ersten Vögeln, die ihr Konzert beginnen.

Ein mittelalter Bock nähert sich der Ricke.

schlummerte ich hinüber. Es war noch Nacht, als ich am Hüttenbrunnen die Morgentoilette hielt. Ich ließ mir das kalte Wasser, das so erfrischend wirkt, über das Gesicht laufen. Schnell noch eine Tasse Instantkaffee, ein dick bestrichenes Butterbrot und dann stieg ich in die Bergschuhe. Aus dem Hütteneck angelte ich mir den Bergstock und dann marschierten wir zwei zur Grat des Kümpflkopfs. Es hatte bereits leicht „getaglt", d. h. es wurde langsam heller, als ich meine bescheidene, aber sehr feine Latschenhock erreichte. Ich war total durchgeschwitzt und musste erst einmal Unterhemd und „Pfoad" wechseln, während meine Hella es sich auf der Lodenkotze schon bequem machte. Auch ich schob mir nun einen Teil des Filzflecks unter das Gesäß und begann zu warten. Hinter und unter mir hörte ich den ersten Frühaufsteher, den Gartenrotschwanz wispern. Die Berge rundherum nahmen langsam Konturen an, ein herrlicher Morgen zog über unsere Bergheimat und die Finsternis der Nacht verschwand geisterhaft in den Gräben und Runsen. Auf einmal blendete es mich kupferrot aus einer Latschenzunge. Ein geringer Schmalspießer zupfte und rupfte an den frischen und feinen Kräutern der Almweide. Heute galt mein Sinnen und Trachten einer besseren und vor allem leichteren Wildart. Mittlerweile hatte er sich verzogen und mit aufgestellten Lauschern zog bald darauf ein mehrköpfiges Rotwildrudel einem Scherenschnitt ähnlich, über die Schneid seinem Tageseinstand zu. Hier heroben erlegte ich nur in der größten Not ein Stück Kahlwild, denn es dauerte einige Stunden, bis man das „Wildbret" geliefert hatte. Immer wieder prüfte ich mit dem Bovist den Wind. Als es dann endlich richtig hell war, holte ich aus meinem Geldbeutel einen Papierschein (Im Geldbeutel eines Berufsjägers etwas Besonderes!) und blattete ganz zaghaft zur steil aufsteigenden Latschenzunge. Nirgends zeigte sich das Rot eines Stück

Rehwildes. Nochmals blattete ich, dieses Mal allerdings bedeutend lauter. Ich markierte den Sprengfiep. Im nächsten Augenblick zottelte der Waldfürst über den steilen Felsgrat zu mir runter. Mit gierigem Herausfahren seines Leckers und mit windendem Windfang äugte er zu mir herunter. Mit zusammengepressten Lippen imitierte ich die Rehgeiß aus der hohlen Hand heraus. Nun konnte den starken Bock, er war es, nichts mehr halten. Mit wetternden Fluchten stürmte er zu mir rüber und in den Bereich meiner Kugel. Aus dem Eck der Hock holte ich mir den Ischler Stutzen und als der Bock wieder in die Latschen schlüpfen wollte, schreckte ich ihn an. Mit hoch erhobenem Haupt und aufgerichteten Lauschern äugte er nach mir. Ich zog den Hahn auf und langsam fuhr ich mit dem Absehen von oben kommend ins Leben des roten Waldfürsten. Mit dem Einschlag des 6 Gramm schweren Geschosses der so oft bewährten 6,5 x 57R rutschte augenblicklich der Bock zusammen und fuhr mit schlagenden Läufen zu mir runter, wo er in einem Huflattichfeld liegen blieb. Meine Hella saß auf einmal neben mir auf der Bank, jetzt waren ihr fast die Nerven durchgegangen. Damit sie nicht schusshitzig wurde, wartete ich noch ein paar Minuten, ehe wir über den schmalen Felsgrat zum Bock abstiegen. Kurz darauf hielt ich die edle Krone eines besonderen Bergbockes in Händen.

Mit hoch erhobenem Köpferl sang meine unverwüstliche BGS-Hündin, sie war einmal die zweite Siegerin bei der Internationalen Schweißhundprüfung im Trierer Hochwald, ihre unbändige Jagdpassion zu den Almen hinunter. Nachdem ich den Bock aufgebrochen hatte, hängte ich diese wunderbare Beute in eine Latschengabel und setzte mich dazu. Vom Almboden des Kümpfl her hörte ich bereits Stimmengewirr und das Scheppern der Milchkannen. Die Sennerinnen begannen ihr Tag-

Mit dem Absehen immer von oben ins Ziel fahren, sonst sind bei einem tiefen Abkommen Laufschüsse unvermeidlich.

Geduld und Wartezeit nach dem Schuss sorgen dafür, dass passionierte Jagdhelfer auch dann nicht schusshitzig werden, wenn sie häufig auf dem Ansitz dabei sind.

werk. Unmittelbar unter der oberen Almhütte zogen noch drei Feisthirsche, es waren zwei jüngere Hirsche und ein stiernackiger älterer Eisendzehner, sie wussten anscheinend, dass ihnen von den Almerinnen keine Gefahr drohte, dem Geißlahner zu. „Menschenskind" noch mal, wo hatte ich doch überall den Althirsch mit seinen enorm langen, aber endenarmen Stangen schon gesucht und hier bummelte er sorglos über den Almboden. Auf einmal klonkten neben mir die Wotansvögel, die Kolkraben. Immer wenn im weiten Berg ein Schuss verhallte, dann kamen mit singenden und klonkenden Rufen die Kolkraben und erbettelten sich das Gescheide. Nachdem der Bock etwas ausgeschweißt war, verschränkte ich ihn und verstaute ihn im Gamsträger. Bald lag die schwere Last, er brachte immerhin 21 Kilo auf die Waage, auf meinen Schultern und ich stiefelte zu den Almen runter, wo mich, den „Bergjaga", ein opulentes Frühstück erwartete.

Acht Tage später konnte ich dem Althirsch, ein sehr netter und auch würdiger amerikanischer Offizier trug ihm unter meiner Führung eine saubere Kugel an, den letzten Bissen in den Äser schieben. Genau unter den wilden Gräben des Geißlahners hatten wir den Hirsch erwartet und auch erlegen können. Das Liefern des Althirsches war dann eine schwere Schinderei – Bergjagd halt!

Ein besonderes Erlebnis ist mir noch, als sei es gestern gewesen, in Erinnerung. Mit meinem treuen Jagdkameraden Peter Freiherr von der Kettenburg hatte ich mich zu einer Gamspirsch verabredet. Auf den Peter war immer Verlass. Was haben wir zwei uns doch abgeschunden, wenn es galt das Wild durch den strengen Bergwinter zu bringen. Lange wartete ich heute an der Valepper Schranke. Der Peter, dieser sonst äußerst zuverlässige Kamerad, hatte wahrscheinlich verschlafen. Es war schon heller Tag, als ich zum Lochgraben pirschte. Oberhalb der Rotwildfütterung hatte ich im steil aufsteigenden lückigen Altholz eine Hock auf einen kleinen Erdhügel, der rundherum von kleinen Fichten und Buchen eingesäumt war, gebaut. Wenn das Weidevieh auf der Hochalm zur Sommerfrische graste, dann zog ein Teil des Rotwildes zu den Talwiesen, d. h. zu den Niederlegeralmen. Mit eingestemmtem Bergstock übersprang ich den Lochgraben. Am Futterstadl blieb ich stehen und schaute in das giftgrüne murmelnde Bergwasser. Mehrere Forellen schossen dem sicheren Versteck zu, als mein Schatten über den tosenden und spritzenden Wassern erschien. Das Fischrecht hatte ich für meine Söhne gepachtet und jedes Jahr setzte ich Bachforellen in diesem typischen Hochgebirgswasser ein. Mit meinen Söhnen und ihren „Spezi" trugen wir in Kübeln die zu entlassenden Forellen den steilen Graben rauf, dabei rührte einer der Buben im Eimer, um den Jungforellen Sauerstoff zuzuplätschern.

Mit langsamen Schritten stieg ich durch das Meer der Huflattichstauden zur neuen Hock auf. Meine BGS-Hündin Asta schniefte immer wieder mit aufgestellten Behängen zum Berg. Mehr kriechend als steigend, es war verdammt steil, erreichte ich die Hock. Kaum hatte ich mir den Filzlappen unter den Spiegel geschoben, da zog ein hoch aufhabender Schmalspießer, er strotzte nur so vor Gesundheit, durch das lückige Altholz zum serpentinenartigen Wechsel, der sich zum Schwarzenkopf raufzog. Hinter der Verblendung musste ich den Hatzteufel Asta schon etwas energischer an der Halsung halten, denn sie hatte den Hirsch bereits gesehen. „Platz" konnte ich nur mit leisem, aber eindringlichem und energischem Zugriff signalisieren. Im nächsten Augenblick stand nochmals ein starker Schmalspießer, auch er hatte sehr hohe und starke Spieße geschoben, kratzte sich mit dem rechten

Auch fürs Rehwild die richtige Patrone: 6,5 x 57 R mit 6 Gramm Geschossgewicht.

Einen Bock anzuschrecken, ist eine bewährte Methode, ihn zum Verhoffen oder gar zum Zustehen zu bewegen.

Hinterlauf ausgiebig hinter dem Lauscher und zog seinem Bruder nach. Nochmals musste ich die Asta runterdrücken, sie konnte es fast nicht glauben, dass ich hier nicht den Ischlerstutzen aus der Ecke meiner Hock holte. Gerade hatte ich es geschafft, den Hetzteufel zu bändigen, da zog auf einmal ein ausgesprochen schwaches Schmaltier aus dem Altholz. Jetzt gab es nichts mehr zu überlegen. Leise zog ich den Hahn dieser eleganten und typischen „Bergjagabix" auf und ging von oben kommend ins Leben des Wildes. Ich mahnte das Schmaltier an und im nächsten Augenblick kugelte und rutschte es, überschlug sich und fuhr an meiner Hock vorbei. Gewohnheitsmäßig holte ich aus der Patronentasche eine 6,5 x 57 R und lud nach. Unter den riesigen Huflattichplätschen sah ich kaum mehr eine Bewegung, nur noch leichtes Nachzittern verriet mir, das Schmaltier war bereits im Hirschhimmel. Gerade als ich den Ischlerstutzen ins Eck der Hock stellte, rumpelte keine 30 Meter neben uns ein Rehbock zur Steilflanke des Schwarzenkopf. Mit nach hinten gestellten Lauschern und unter laut herausgepresstem Schrecken, hüpfte und schreckte, stampfte und rumpelte der Bock ins steil aufsteigende Altholz rüber. So viel konnte ich sofort erkennen, es war ein alter Bock, mit fast schlohweißem Haupt. Sofort schreckte ich zum Bock rauf. Im nächsten Augenblick verhoffte der von mir noch nie gesehene Altbock. Auch hier gab es nicht viel zu überlegen. Heute konnte ich hier fürwahr Beute machen. Nochmals schreckte ich zum weißgesichtigen Bock, holte wieder den Ischler aus der Ecke und dann fiepte ich, mit zusammengepressten Lippen zum Bock, der mit seinen Tollkirschenlichtern zum Graben äugte. Im nächsten Augenblick rutschte und ruderte der Bock zum Lochgraben runter und blieb dann an einem kleinen Ahornstämmchen hängen. Nur noch kurz sah ich die schlagenden Läufe, ehe auch diese im Gewirr des Huflattichs verschwanden. Erneut musste ich die junge Asta, sie war erst im 2. Behang, zurückhalten, ehe ich dann endlich zum Altbock aufsteigen konnte. Kurz darauf hielt ich die niedrige, aber starkstangige Krone eines sehr alten Bockes in Händen. Die Schneidezähne waren bis auf zwei Stummel bereits ausgefallen und die total heruntergeschliffenen Kauwerkzeuge deuteten auf ein hohes Alter hin. Nochmals gab ich dem Bock einen kleinen Schubser, er fuhr zum Boden des Lochgrabens runter und dann stieg ich, die Asta war dem Bock über die steile Flanke nachgerutscht, mit eingespreitztem Bergstock zum semmelgelben Bock runter. Bald darauf erklang ihr rauchiger Hals aus der Grabensohle. Mit hoch erhobenem „Köpferl" jubelte die Hündin zum nahen Dorf runter: „Bock tot." Nun, nachdem ich beim Bock die rote Arbeit hinter mir hatte, zog ich diesen durch eine schmale Stelle des Grabens zum Futterstadl rüber. Nochmals musste ich neben dem Futterstadl in einer schmalen Rinne aufsteigen, ehe ich beim Schmaltier war. Auch hier verkündete die Asta wieder in vollster Verzückung dem Bergdorf: „Hirsch tot." Nach dem Aufbrechen konnte ich mir im nahen Lochgraben die Hände waschen, ehe ich zum Dorf runterstiefelte und meinen VW aus der Garage holte. Auf dem Rammbügel konnte ich dann die zwei „Wildlinge" der Wildkammer zuführen. Weder der Förster Max Fackler noch ich hatten den Altbock jemals gesehen, obwohl er ganz in der Nähe des Dorfes seinen Einstand hatte, er musste ein ganz verschwiegenes Leben geführt haben.

Der Förster Max Fackler war in die Jahre gekommen und bereitete sich auf seinen Ruhestand vor. „Du Koni – i geh doch in den Ruhestand, i dat mi gfrein, wenn i no an guadn und vor allem alten Rehbock schiaßn kannt." Im

Vor dem Abstieg.

Elendtal hatte ich schon mehrmals an der neuen Wildwiese einen alten Bock „o'schaun kenna". Ein sehr eng gestelltes, aber lang verecktes „Gwichtl" mit sehr dicken Stangen zierte den überaus starken Altbock. Einmal im Hochwinter sah ich den Bock an der Rehfütterung im Totengraben. An einem schwülen und drückend heißen Tag stieg ich von der Kümpflhütte über den Pfanngraben und das Hirscheck dem Elendtal zu. Am Berg und auf den Almen war das Hochwild schon sehr früh eingezogen, die Bremsen waren heute besonders lästig und so stieg ich an der obersten Gumpe des Pfanngraben, so wie mich der Herrgott geschaffen hatte, ins kühle Nass des sprudelnden Baches. Mein Gott tat das gut, sich den Wasserfall über die lechzende Haut laufen zu lassen. Nach dem wohltuenden kühlen Bad, auch meine Hella war zu mir in der kreisenden Gumpe hergeschwommen, stieg ich wieder in meine Jagdklamotten und pirschte über den sich lang hinziehenden Rücken des Hirschecks zur weitastigen Wettertanne. Von dort konnte ich das Elendtal einsehen. Unmittelbar neben mir trollten zwei Feisthirsche, sie mussten unterhalb der Tanne in einer der zahlreichen Suhlen gesessen haben, mit schaukelndem Geweih zum Elendsattel rüber. Auf mein Mahnen hin zogen die zwei die Bremse. Vor mir standen zwei mittelalte, gut veranlagte Zwölfer. Nochmals suchte ich die weiten Schläge und den Talboden von Elend mit meinem Hensoldt-Glas ab. Auf einmal hatte ich ein treibendes Rehpaar in den Linsen meines Jagdglases. In weiten Bögen, der Bock hing gierig an der Schürze seiner Gespielin, tanzte und trollte das Hochzeitspaar über den mit Naturverjüngung durchsetzten Almboden. Mit dem Spektiv konnte ich dann den Bock, er hatte endlich sein Ziel erreicht, genau anschauen, er war es. Müde tat sich das Paar neben einer Schatten spendenden Fichte nieder. Mit einem schnellen Abstieg, ich musste etwas weiter ausholen, um das Paar nicht zu vergrämen, eilte ich zum Geländewagen.

Der Max saß an seinem von ihm nie geliebten Schreibtisch und war am „Papier dressieren". „Auf geht's Max – steig in die Bergschuhe, im Elend hinten treibt dein Bock." Bald darauf surrte das Dieselaggregat dem Elendtal zu. Unterhalb der Elendwinterstube, am Eingang zum Totengraben ließen wir den Wagen stehen. Langsam, neben dem Totengraben zog eine kühlere Luft, pirschten wir dem Tanzboden, der neuen Wildwiese zu. Als wir uns ganz vorsichtig, ich prüfte mit dem Bovist immer wieder den Wind, dem Tanzboden genähert hatten, schreckte neben uns ein tiefer Rehbass uns seine Empörung entgegen. „Sch…, jetzt ham man vergrämt", war die lakonische Bemerkung des Jagdkameraden. Immer wieder grantelte der Rehbass zu uns rüber. Aber wenn ein Reh schreckt, so ist das noch lange kein Grund aufzugeben, sie schrecken nur, wenn sie sich nicht auskennen. Nun nahmen wir unsere „Haxn" unter die Arme und pirschten zum unteren Hirscheck rüber. Im Altholz hinter uns konnten wir unter der Nase einer schmalen, aber steilen Felsformation Position beziehen. „Mach dich fertig Max, i schreck den Bock her." Mit meiner tiefen Stimme imitierte ich den Einstandsbesitzer.

Dabei brach ich kleine Äste ab, schabte mit den Bergschuhen im Waldboden und presste mit den Lippen die getriebene Geiß. Immer wieder grollte ich auch zur nahen Dickung rüber, wo ich den Altbock vermutete. Bau – bau – bau, und dabei fiepte ich und keuchte wie ein treibender Bock. Durch das Dach des Altholzes drangen spärliche Sonnenstrahlen und genau das wollte ich, das Spiel von Licht und Schatten. Nochmals grantelte und grollte ich zur Naturverjüngung runter, der Bovist signalisierte mir aufsteigenden Wind, als es aus der Dickung

Rehe schrecken, wenn sie nicht wissen, was los ist. Also nicht aufgeben, wenn der Bock zu schrecken beginnt.

Es empfiehlt sich, die Laute des Rehwildes vor der Blattjagd zu üben.

117

Lohn der Jagd:
Ein reifer Bock liegt auf der Strecke.

Windwurfflächen sind ideal für Wild.

rehrot schimmerte. Der Bock war am Anwechseln. Mit dem Ellenbogen stupste ich den Max und deutete mit dem Kinn zur Fichtennaturverjüngung. Wie ein Dieb schlich der Bock, jede Deckung ausnützend uns entgegen. Nochmals presste ich die Lippen zusammen und dann wetterte in eleganten Fluchten der Bock durch das Altholz dem vermeintlichen Konkurrenten entgegen. Als der Bock durch eine Lücke im Altholz rumpelte, schreckte ich nochmals. Der Altbock zog die Bremse, äugte mit schiefem Haupt, seine Tollkirschenlichter funkelten zornerregt, und im nächsten Augenblick warf ihn die 6,5 x 57R aus der eleganten Meisterwaffe edelster Ferlacher Büchsenmacherkunst zu Boden. Nur noch einmal winkte der Bock mit einer müden Bewegung seiner Hinterläufe, dann herrschte wieder das eintönige Gebrumm der zahlreichen Bremsen. Kurz darauf stand der Max bei seinem Bock, er hatte den Hut gezogen. „Des Konradl, is mei letzter Bock – Waidmannsdank und Vergelts Gott." Er konnte es immer noch nicht glauben, dass der Altbock, es war einer der besten Böcke, den dieser erfahrene Forst- und Waidmann je erlegt hatte, auf das Schrecken zugestanden war. Dutzende von Rehböcken habe ich schon hergeschreckt, aber dieses Mal war es für mich etwas Besonderes, dem scheidenden Jagdkameraden zum seltenen, ja man kann sagen imposanten Erlebnis und zur besonderen Trophäe verholfen zu haben.

Einmal, es war in den hohen Tagen der Blattzeit, pirschte ich im Ebersberger Forst mit einem Jagdgast, er hatte in einer Altholzinsel kurz vorher einen wirklich reifen und alten Bock erlegt, zu einer riesigen Kahlfläche. Hier hatten die schweren Stürme Vivian und Wiebke und der anschließend stark auftretende Borkenkäfer ganze Arbeit geleistet. Es war ein furchtbar „dampfiger", d. h. schwüler Spätnachmittag. In einer Schneise hatte ich einen Blattstand unter eine Altbuche gezimmert. Nach der obligatorischen Wartezeit von ca. 15 Minuten schickte ich die ersten zarten Töne zur langsam zuwachsenden Kahlfläche. Kaum hatte ich den Geldschein eingeschoben, schlich bereits der erste Bock über die Schneise. Im nächsten Augenblick, der erste Rehspiegel war gerade untergetaucht, stand der nächste Bock in der Schneise. Beide Böcke waren mir zu jung, und so schickte ich die nächste Blattarie wieder zur Kahlfläche, dieses Mal das Angstgeschrei. Im nächsten Augenblick stürmte ein alter und besonders abnormer Bock mit federnden Fluchten direkt auf uns zu. Auf seinem breiten Haupt trug er mehrere lauscherhohe Enden, gleich einer mehrzackigen Krone – und ich schoss den Bock sauber vorbei. Noch zwei junge Böcke zogen mit aufgestellten Lauschern, ich wollte nur den abnormen Bock erlegen und ließ sie ziehen. Innerhalb von 20 Minuten hatte ich fünf Böcke gesehen, von denen mir lediglich zwei bekannt waren. Ich ließ es meinem neben mir sitzenden Gast nicht spüren, dass ich auf mich selbst sauer war – „Hochmut kommt vor dem Fall." Am nächsten Morgen, ich hatte auf einer Wildwiese ein geringes Schmaltier erlegt, stellte ich meinen Wagen an der besagten Schneise ab und pirschte zur Blatthock. Über Nacht war ein gewaltiges Gewitter über den Ebersberger Forst gezogen, so dass ich das hinten auf meinem Geländewagen deponierte Schmalstück, es hatte merklich abgekühlt, in einer morastigen und tiefen, von gewichtigen und weitastigen Buchen überbauten Fahrrinne abstellen konnte. Langsam pirschte ich zum Ort meines gestrigen Versagens. Ich setzte mich auf das Brett des Blattstandes, das noch nass war. Zu meinen Füßen saß Hella die zweite. Wieder schickte ich den Liebesgruß zur Kahlfläche. Heute musste ich länger warten, doch auf einmal stand in der Schneise ein sehr alter und starker Bock. Jetzt gab es nichts mehr zu überlegen, als ich

Auf guten Blattjagdständen ist es durchaus möglich, mehrere Böcke herzublatten.

Nach einem Gewitter zieht das Wild gerne ins Freie.

Auch bei sicheren Schüssen sollte man dem Wild einige Minuten geben, um in Ruhe zu verenden.

„Morgenstund hat Gold im Mund." Ein Wahlspruch, der insbesondere bei der Rehwildjagd gilt.

den Hahn meines Ischler Stutzens aufzog. Ich schreckte den Bock, er wollte gerade weiterziehen, an und im nächsten Augenblick schickte ich das Spitzgeschoss der so bewährten 6,5 x 57R auf die weite Reise. Wie ein Kartenhaus sackte der Bock in sich zusammen. Als ich nach der obligatorischen Wartezeit zum Bock pirschte, hatte meine Hella bereits gefunden und mit hoch erhobenem Kopf sang sie ihre unbändige Jagdpassion in den großen Wald. Auch diesen Bock hatte ich noch nie in die Linsen meines Zeissglases genommen. Wo war er hergezogen, wo war sein Sommereinstand, wo trieb er sich in der kalten Jahreszeit herum? Egal, ich durfte eine stolze Krone in Händen halten.

Als eiserner Berufsjäger ließ ich wenige Pirschgänge, es musste schon ein triftiger Grund vorliegen, ungenützt vergehen. Besonders die Frühpirsch, das Erwachen des jungfräulichen Tages mit seinem Vogelkonzert, mit dem Gurren der Hohl- und der Ringeltauber, dem schmatzenden und dann auch wieder aufjubelnden Gesang von Schwarz-, Grün- oder Dreizehenspecht, dem bescheidenen Wispern der Kohl-, Tannen-, Schopf- und aller anderen Meisensorten, dem lachenden Einfall des Schwarzstorches an einer der zahlreichen Suhlen, dem Jagdruf des Mäusebussards und dem ungestümen und oft überwältigenden Jagdflug vom Ritter mit dem gebänderten Stahlhemd, dem Habicht, die Frühpirsch war für mich als Berufsjäger enorm wichtig. Ich grantelte den ganzen Tag herum, wenn mir eine Frühpirsch auskam.

Was ich alles an Wild sah und welche Wechsel ich dann unter die Lupe nehmen konnte und wohin und woher das Wild seinen Tageseinstand einnahm, all das war für mich – so gern ich Jagdgäste führte – am schönsten, wenn ich allein unterwegs war. Ich war und ich bin ein Morgenmensch, aber zu größeren Gesprächen bin ich morgens trotzdem nicht bereit. Ich will den Tag mit Ruhe angehen und obwohl ich nicht aufs Maul gefallen bin, „in da Fruah will ich mei Ruah".

Einmal, es war so ein wunderschöner Augustmorgen, ich hatte am Stolzenberg in der Hofer Höll schon mehrere „Bschlachter", so sagt man in unserer Gegend zu den Schlagstellen der Hirsche, wenn sie sich des eingetrockneten Bastes entledigen, gefunden, pirschte ich durch die Kuhherde des Gutes Wallenburg dem Grünsee zu. Auf der Grünseealm werkelte bereits der Senner Bertl. Ich wollte in den Erlen oberhalb vom kreisrunden Grünsee nach einem alten und besonders gut vereckten Rehbock schauen, den ich im Frühjahr beim Austragen der Salzsteine nur sehr kurz, aber genau anschauen konnte. In der alten „Kellerluck", die Hütte hatte vor vielen Jahren eine Lawine mit ins Tal genommen, hatte ich mir eine feine Ansitzmöglichkeit, „a Hock" gezimmert. Kurz bevor ich das Kellerloch erreichte, blendete es mir aus den Erlen heraus rehrot entgegen. Mehr kriechend als gehend oder pirschend, erreichte ich die Hock. Es war ein Schmalreh und hinter der feinen Rehjungfrau zog mit dickem Hals der Bock in den Erlendschungel. Ich ließ mir Zeit, ehe ich die ersten zarten Töne über den kleinen See schickte, wartete dann noch mal mindesten 20 Minuten, bevor ich das Angstgeschrei zu den Erlen zeterte. Auf einmal wackelten die Erlenstauden und mehr schleichend als springend zog der Altbock, jede Deckung ausnützend, ans kiesige Ufer des Grünsees. Ich brauchte nicht mehr lange zu spekulieren, der Bock war alt und ich hatte einen guten Bock frei bekommen. Lange musste ich zielen, denn das Spiegelbild des giftgrünen Sees spiegelte sich in meiner Okularlinse des vierfachen Zielfernrohrs. Endlich hatte ich den Bock, ich schreckte ihn nur kurz an, im Absehen meiner Ferlache-

Bei der Pirsch ist voller Körpereinsatz gefragt. Im Notfall muss der Einstand auch in tiefster Gangart erreicht werden.

Erst leise, dann lauter werdend ist die Folge der Blattmusik.

Alte Böcke sind sehr vorsichtig, daher ist für ihre Bejagung auch deutlich mehr Geduld, Ausdauer und Erfahrung nötig.

Das satte Grün der Berge bietet auch dem Rehwild ideale Einstandsmöglichkeiten.

20 kg sollte ein reifer Bock aufgebrochen auf die Waage bringen, sonst muss die Hege überdacht werden.

Fleißige Hege in der Notzeit zahlt sich aus.

rin. Im nächsten Augenblick lag der Bock, die Kugel saß da, wo sie zu sitzen hatte, am Rande des Sees. Auch hier „jodelte" meine liebe Hella ihre Freude zum Berg und ins Tal. Kaum war ich der Hündin nachgestiegen, kam auch schon der Senner Bertl. Er hatte bei der Stallarbeit den Schuss gehört, ließ den Mistkarren und Mistgabel stehen und eilte zum See zu mir her. Zuerst musste ich jedoch die Hella, die sonst so brav und umgänglich war, an den Riemen nehmen, denn am Wild verstand sie keinen Spaß. Jetzt gab es ein „Jagafrühstück" vom Feinsten. Ja die Almbutter, die wegen der vielen Kräuter ein wunderbares Aroma hat, mundete mir besonders. Immer wieder stand der Bertl auf und schaute nach seinem Bergbock, den er viele Jahre schon geschaut hatte und der nun am Balken der Grünseealm hing. Es war fürwahr eine fürstliche Krone, die ich vom Berg heimtragen durfte. Die Sonne stand schon ziemlich hoch, als ich mir den prallen Rucksack über den Buckel stemmte (der Bock zeigte auf der Waage 20 Kilogramm), über die wild zerklüfteten Donnerlöcher der Lyra-Skiabfahrt zum Talboden schritt und den Bock in der Wildkammer verstaute. Die harte Arbeit des Winters hatte sich hier bezahlt gemacht, es hatte sich gelohnt, auch die Rehe durch den Bergwinter zu bringen. Bei der Hegeschau gratulierte mir dann der Hegeringleiter für das Niederwild, heute ist er schon viele Jahre unser Kreisvorsitzender, der Rehwildexperte Martin Weinzierl. Ich hatte den besten Bock in diesem Jagdjahr erlegt. Auch die mit starken Trophäen verwöhnten Flachlandjäger staunten nur so, dass Böcke am Berg, bei richtiger Hege und einer konsequenten Fütterung, zu solchen Prachtexemplaren heranwachsen können.

Eines der nachhaltigsten Erlebnisse meines Jägerlebens hatte ich vor kurzer Zeit. Einer meiner Freunde aus dem Isartal hatte mich angerufen und mich gebeten, zum „Blatten" zu kommen. Ein leichter Landregen, unterbrochen von spärlich einsetzendem Sonnenschein, zeigte sich, als ich beim Peter eintraf. Nach einem reichlichen Frühstück zog es Peter, Erwin und mich in die Reviere. Auf einer perfekt in dieser wunderschönen Voralpenlandschaft eingebundenen Kanzel ließen wir zwei uns nieder. Nach zwanzig Minuten „blattelte" ich zur Fichtenkulisse. Zuerst zog eine riesige Geiß durch den schmalen Moorboden. Nun plärrte ich das „Angstgeschrei" zum Moorboden rüber. Kaum hatte ich den Geldschein eingeschoben – dieses Mal in russischer Währung: es soll ja keiner sagen, wir wären nicht international –, da stürmte bereits ein Altbock über das Moor zu uns rüber. Der Bock machte ein kurzes „Haberl" und dann warf ihn die kleine Kugel bereits in die Moorheide. Wir hatten richtig angesprochen. Der Bock war mindestens 8 Jahre alt und trug ein kurzes, kohlschwarzes Stangenpaar auf gewaltigen Rosen.

Auch auf russische Banknoten springt der Bock.

Nachdem der Bock versorgt in der Wildkammer hing, ging es zum nächsten Blattstand. Auch hier, wir hatten uns kaum eingerichtet, stürmte zuerst ein Jungbock durch die Wildwiese und nachdem ich nochmals meine Blattarien laut herausgepresst hatte, zog der nächste Altbock uns entgegen. Wieder zielte der Peter dem suchenden und schnell zustehenden Bock eine saubere Kugel auf den Trägeransatz. Auch dieser Bock trug ein kurz verecktes, aber stark zurückgesetztes Stangenpaar.

Blattjagd zu zweit erhöht den Jagderfolg. Einer blattet etwas abseits, während der andere ansitzt.

Heute hatten wir einen idealen Tag erwischt. Grundsätzlich blatte ich nicht vor dem 1. August. Wenn die meisten Geißen beschlagen sind und der Bock auf „Hochzeitsreise" geht, dann hatte ich stets die größten Erfolge. Wie viele

Wenn die meisten Geißen beschlagen sind, beginnt die eigentliche Blattzeit. Denn jetzt suchen die Böcke.

Suchend schaut der Bock, ob sich die Geiß nicht doch irgendwo versteckt hat.

Böcke uns an jenem Tag zustanden, vermag ich nicht mehr zu sagen. Wir erlegten, der Peter und der Erwin zusammen, fünf reife Böcke. Immer wieder meinte Peter: „Du Koni, jetzt schiaßt dann aber du", und ich verneinte. Mir macht es wesentlich mehr Spaß, den Jagdkameraden zum Erfolg zu verhelfen, als selbst hinter dem Schaft zu sitzen.

Das schönste Erlebnis an diesem Tag hatten wir dann mit dem letzten, aber auch stärksten Bock. In einem Hochmoor mit eingesprengten Birken, Moorfichten und Moorlatschen hatte der Helmut, der eines dieser Reviere mit betreut, eine pfundige Kanzel gebaut. Kaum saß der Erwin, ein in der Wirtschaft engagierter Manager, auf der Kanzel, blattete ich los. Da es schon später Abend war, zeterte ich gleich das Angstgeschrei zum Moorboden hinüber. Kaum hatte ich den Russenschein eingeschoben, stürmte ein unglaublich starker Bock, er trug ein gut verecktes und sehr hohes „Gwichtl", mit wetternden Fluchten zu uns her. Mit dem

Schrecklaut brachte ich den Bock zum Verhoffen und dann stürmte er, die Kugel hatte gut gefasst, dem schützenden Waldstreifen zu. Nach einer ausgiebigen und längeren Wartezeit gab ich meinem Gasthund, dem BGS-Rüden „Cato vom Kaisergraben", den langen Riemen und unter einer typischen weitastigen Altfichte lag der Kapitalbock. Es war dann schon ein bewegender Augenblick, als ich dem Freund den Erlegerbruch überreichen durfte.

Was mir aber besonders im Gedächtnis haften bleiben wird, ist die Zusammenarbeit zwischen Jagdgenossen und „ihrem" Jaga. Ich habe selten so ein freundschaftliches und vertrauensvolles Zusammenarbeiten erlebt. Ich frage mich dabei auch immer wieder: Warum geht es nicht überall so. Vier Berufsgruppen haben diese wunderschöne Landschaft, hier die typische Voralpenlandschaft, geprägt, und zwar der Bauer, der Jäger, der Förster und der Fischer, und es darf einfach nicht sein, dass von welcher Seite auch immer, ständig der Versuch unternommen wird, hier Keile reinzutreiben. Diese Gruppen sind die echten Naturschützer und nicht das Lieschen Müller vom 8. Stock eines Hochhauses in München, die das Wort Naturschutz nur aus der Presse kennt und irgendwelchen Scharlatanen und deren Dummgeschwätz aufsitzt.

Nach meiner Versetzung in den Ebersberger Forst betrieb ich Öffentlichkeitsarbeit im wahrsten Sinne des Wortes, um genau dieser angesprochenen Bevölkerungsgruppe einmal die wahren Sachverhalte aufzuzeigen. Vor dem „Jagahäusl" installierte ich einen Wildaufzug. Dort konnte ich das erlegte Wild aufhängen und die am Wanderweg vorbeigehenden Menschen über die Notwendigkeit einer kontrollierten Bejagung aufklären. Nicht einmal habe ich Kritik vonseiten der Waldbesucher erfahren müssen. Die verständnisvolle Bevölkerung stand ganz im Gegenteil hinter ihrem Wald.

Bauer, Förster, Jäger und Fischer prägen unsere Landschaft und schützen, was wir nutzen.

Wir Jäger dürfen uns nicht verstecken! Wenn wir zeigen, was wir tun, wird uns auch die Bevölkerung verstehen.

Ansprechen des Rehwildes

Kaum eine Wildart gibt einem so viele Rätsel auf wie das Reh. Und kaum eine Wildart ist noch so wenig erforscht.

Schmalreh:

Kindliches und unsicheres Benehmen, z. T. sehr neugierig. Wenn ein Schmalreh im Frühjahr von der Geiß (Ricke) vertrieben wird (die Geiß muss sich um das neue Leben kümmern), bummeln die der Führung beraubten Schmalrehe unsicher durch die Einstände.

Das Schmalreh verfärbt in der Regel früh. Es hat noch ein Kindergesicht, ist hochläufig und schlank wie ein junges Mädchen. Das Gesäuge zwischen den Hinterläufen fehlt. Gerne gesellt sich ein Bock zum tänzelnden und verspielten Schmalreh.

Junger Bock im Haarwechsel.

Jährlingsbock:

Zieht gerne noch mit seinem Geschwister vom letzten Jahr.

Da das Erstlingsgehörn ja im letzten Winter abgeworfen wurde, entstehen bedingt durch die Bruchstellen Rosen. Gut veranlagte Jährlinge können bereits ein Sechsergehörn haben. Entscheidend ist wie bei allen Cerviden die Stärke des Gehörns. Wie sagt doch Herzog Albrecht von Bayern, der starke Eingriff hat in der Jugendklasse zu erfolgen. Alles, was nicht einem guten Durchschnitt entspricht, sollte erlegt werden. Man kann nicht genug Jährlinge erlegen. Jährlingsböcke sind ständig auf der Flucht. Es gibt aber auch hier Ausnahmen, so dass ich immer wieder beobachten konnte, dass ein älterer Bock einen Jährlingsbock neben sich duldete, d. h. auch im Einstand nicht verjagte. Jährlinge verfärben, wenn sie gesund durch den Winter gekommen sind, früher und somit kann die Bejagung auch früher beginnen.

Das Haupt könnte auf einen reifen Bock schließen lassen, die Figur wirkt eher jugendlich. Tatsächlich ist dieser Bock 5 Jahre alt.

Mittelalte Böcke:

Dies ist normalerweise die Klasse, die nicht bejagt werden sollte.

Mittelalte Böcke (dreijährig bis zum reifen alten Bock) liefern sich heftige Einstandskämpfe. Häufiges Schrecken und auch häufiges Fegen sind die Altersmerkmale der mittelalten Böcke. Ihr erkämpftes Territorium wird energisch verteidigt.

Diese Böcke tragen das Haupt noch hoch und wenn sie gesund sind, verfärben sie sehr früh. Das Gesicht, für mich das wichtigste Altersmerkmal, ist noch sehr bunt, d. h. der Muffelfleck ist noch klar abgezeichnet, sie haben aber nicht immer eine Brille. Mittelalte Böcke stehen noch auf hohen Läufen. Der Träger wird langsam etwas dicker und die Bewegungen etwas gesetzter.

Dieser Bock ist mindestens 7 Jahre alt. Erkennbar an den Dachrosen und den verwaschenen Zügen.

Ältere Böcke:

Vom Haupt bis zum Rückenende zeichnet sich eine gerade Linie ab. Das Haupt wird gerade oder schon etwas tiefer getragen. Das Verfärben zieht sich mit wenigen Ausnahmen in die Länge. Selbst Ende Juni habe ich noch alte Böcke erlebt, die noch nicht ganz verfärbt hatten. Sie waren stark im Wildbret, d. h. sie waren gesund. Wie beim alten Hirsch habe ich auch beim alten Rehbock ein nicht sauberes Verfegen erlebt.

Wenn man einen alten Bock genau anschaut, dann fällt einem sofort sein „grantiges Gschau" auf und dass er tiefläufiger wirkt. Der Muffelfleck wirkt verwaschen. Nur durch kurzes Schrecken verrät sich der wirkliche Altbock. Auf einer Hochalm (1760 Höhenmeter) entdeckte ich beim Salzsteinaustragen eine Plätzstelle. Ein Jagdgast erlegte hier einen steinalten Bock, der uns völlig unbekannt war (480 Gramm Gehörngewicht). Steinalt heißt bei mir mindestens 10 Jahre.

Rehgeißen:

Der Abschuss von Rehgeißen und vom weiblichen Rotwild ist etwas für Kenner und für Könner. Mittelalte Geißen sollten unbedingt geschont werden. Sie führen die starken Kitze.

Sie haben einen schlanken, wohlproportionierten Körper, verfärben sehr früh, haben einen ausgeprägten Muffelfleck und wirken auch hochläufiger. Bei starken mittelalten Geißen tritt der Drosselknopf langsam hervor, sie geben ihre Kraft an die Kitze weiter. Sowohl im Frühjahr als auch im Herbst sind sie die ersten, die völlig und sauber verfärbt haben. Genauso ihr Nachwuchs, die Kitze. An der Fütterung sind sie meistens sehr friedlich.

Alte Geißen:

Kantiger Wildkörper, Mumpsgesicht und undeutlicher Muffelfleck. Alte Rehgeißen verfärben wesentlich später und haben in der Regel schwachen Nachwuchs. Wenn man so eine Rehgeiß genau anschaut, dann fällt einem sofort ihr eckiges „Gestell" auf und besonders ihre hervortretenden Lichter. Die Farbe der Decke ist mit wenigen Ausnahmen eher gelblich als rot. Alte Rehgeißen sind sehr unverträglich, ja man kann sagen streitsüchtig. Wenn man an einer Rehfütterung viele Haare findet, dann ist dies ein untrügliches Zeichen, dass hier eine alte Matrone den Wintereinstand bezogen hat.

Gedanken zur Hege des Rehwildes

Eines muss uns allen klar sein. Ein Rehwildbestand kann niemals gezählt werden und meistens ist er höher, als man glaubt. Erst durch die Rehwildforschung von Herzog Albrecht in Bayern wurde etwas Licht in Verhalten und Biologie dieser Wildart gebracht.

Auch ich widmete mich in vielen Stunden dem Rehwild. Wir bauten im Berg mehrere Rehfütterungen, die wir wegen des Hochwildes einzäunten. Um den empfindlichen Bergwald vor Verbiss durch das Rehwild zu schützen, ist es unbedingt erforderlich, dem Wild über die Notzeit zu helfen.

Eine gezielte, lokale Notzeitfütterung lenkte den Wildbestand aus den empfindlichen Bergwaldregionen und verminderte die Verbißschäden. Die paralell durchgeführte, intensive Hege mit der Büchse führte zu einem gesunden, kraftvollen Rehwild mit ausgeprägten Kronen und einer gesunden Altersstruktur.

Rehfütterung für ein Hochgebirgsrevier:

Mit Vorratsraum zum Lagern von einmähdigem Bergheu und drei kleinen Silagebehältern und Gehaltsrüben.

Länge ca. 5 Meter, Breit ca. Meter, Giebelhöhe 2,70 Meter, Seitenhöhe 2,4 Meter.

Mit Ausnahme der Schlupfstangen (Abstand 18 cm wegen des Rotwildes) wird die Fütterungseinrichtung völlig eingeschalt. Hinte rden Schlupfstangen befindet sich ein Trog für die Aufnahme von Gras und etwas Maissilage und eine Futterraufe für das Bergheu. Abstand vom Boden ca. 30 cm. Das Innere des Stadl wird durch eine Tür erreicht, die Raufe wird von innen aufgefüllt. (Foto einer Fütterung s. S.122)

Raufußhühner und Raubwildbejagung

Als ich das Revier Spitzingsee zur Betreuung übertragen bekam, fand ich zu meiner großen Freude einen guten Bestand an Auer-, Birk-, Schnee- und Haselhuhn vor. Genau wie meine Vorgänger, der legendäre Kollege Georg Zistl und der geschätzte Wildmeister Sepp Fegg, war ich eisern, besonders mit der Falle, hinter dem Raubwild her. Ja, ich steigerte die Fallenstellerei sogar noch und hatte elf Schwanenhälse in den warmen Quellen fängisch gestellt. Bei Aufgang der Jagd nahm ich das Gescheide jedes erlegten Wildes in einem Blechbehälter mit und dort, wo im Winter meine Schwanenhälse fängisch gestellt waren, genau dort bekam das Raubwild seine Brotzeit. In warmen Quellen, nämlich dort, wo die wilde Brunnenkresse wächst und in der kalten Jahreszeit das Wasser nicht zufriert, sondern fast das ganze Jahr über fast immer die gleiche Temperatur hat, dort warf ich über den Bach Gescheide und Pansen. Es ist doch eine Binsenweisheit, dass das Raubwild, Fuchs, Marder und Iltis, immer am Bach entlangschnürt, denn wenn ein Stück Wild auf normalen Weg das Zeitliche segnet, dann geht der Zug zum Wasser, und genau hier hatte ich meine eisernen „Krawattl" positioniert. Jeden Winter brachte ich ca. 40 reife Bälge von Fuchs und Marder aufs Spannbrett. Natürlich war die Vorbereitung der Fangplätze mit Schwierigkeiten verbunden, und es bedurfte schon einer gehörigen Portion Idealismus, d. h. einer intensiven Vorbereitung der Fang- und Luderplätze. Den ganzen Sommer über, aber dann besonders im Herbst, beschickte ich die genannten Plätze mit dem Gescheide des erlegten Wildes. Magisch zogen diese „Brotzeitplätze" das Raubwild an. Mein Vater weihte mich in das

Grundlage eines gesunden Bestandes an Raufußhühnern ist eine scharfe Bejagung des Raubwildes.

Dort, wo die Brunnenkresse wächst, friert das Wasser im Winter nicht zu.

Alles Raubwild sucht am Wasser, daher ist hier die beste Position für die Falle.

Bereits im Sommer die Fangplätze vorbereiten, damit sich das Raubwild daran gewöhnt.

130

Geheimnis einer besonderen Rezeptur zur Vorbereitung der Köderbrocken ein. Aus den Pansen von Rot- und Gamswild stellte ich kindskopfgroße Brocken her. Diese umwickelte ich mit einem feinen Blumendraht, zwanzig Futterbrocken aus den Rot- und Gamswildpansen reichten mir für den ganzen Winter. Nun legte ich die fertig gebundenen Pansen in einen größeren Plastikeimer, den man mit einem Deckel hermetisch abschließen konnte. Über die erste Pansenlage streute ich Dörrobst und Rosinen und holte mir aus der Apotheke pulverisierte Schafbocksgarbe. Dörrobst und Rosinen nehme ich hauptsächlich wegen der Marder. Darüber streute ich eine dicke Lage Pferdemist und dann kam die nächste Lage Pansenknödel und die anderen Zutaten. Zum Abschluss nochmals Pferdemist. Nun verschloss ich den Behälter, umwickelte ihn mit Draht, so dass er nicht aufgehen konnte und stellte diesen ca. eine Woche in einen warmen Kuh- oder Pferdestall. Wenn der Deckel des Behälters eine leichte Haube machte, dann wusste ich, dass mein „Supperl" fertig war. Ich möchte hier aber besonders betonen, dass es einem dabei nicht grausen darf. Meine Eisen lagen schon lange, jedoch noch nicht fängisch gestellt, in den vorbereiteten Warmwasserquellen. Dazu staute ich das Wasser mit einem kreisrunden Wall aus Steinen und Moos auf und platzierte dort die Eisen. Nun holte ich die Köderbrocken aus dem Behälter und schnürte diese auf die Abzugseinrichtung. Neben den Köderbrocken stellte ich noch zwei Steigsteine ins Wasser, denn das Raubwild geht nicht gerne ins Nass. Von der steinernen Umrandung bis zum Köderbrocken sollten ca. 50 Zentimeter Abstand sein, damit das Raubwild, besonders der Fuchs, den Köderbrocken nicht „rauspratzeln" kann. Sobald der Winter seine ersten Boten ins Land schickte, stellte ich meine Eisen fängisch.

Das Familienrezept für die Fangjagd:
- Große Brocken aus Pansen, umwickelt mit feinem Blumendraht in einen fest verschließbaren Plastikeimer legen.
- Darüber Dörrobst, Rosinen und getrocknete Schafbocksgarbe geben.
- Dann eine dicke Lage Pferdemist dazu.
Diese Schichten so lange wiederholen, bis der Eimer voll ist.
Dann den Eimer fest verschließen und mit Draht umwickeln, damit er nicht aufgehen kann. Ca. eine Woche an einem warmen Ort lagern.

Auch die Fangeisen bereits lange vor dem Fängischstellen auslegen.

Da Raubwild nicht gern nass wird, Steigsteine oder andere Überläufe platzieren.

Mit Winterbeginn Eisen fängisch stellen.

131

Neben der Fangjagd auf ausreichend Nahrungsangebot und Lebensraum für die Hahnen achten.

Die Balzarie des Großen Hahnes - siehe Seite 22.

Einmal, es war der letzte Novembertag, schaute ich nach meinen Eisen und es hingen sieben Füchse und zwei Steinmarder darin. Wie ein Magnet zog es Fuchs und Marder zur fein duftenden „Schwanenhalsbrotzeit". Die Brühe, die sich im Köderbrockenkübel angesammelt hatte, schüttete ich in ein kleines Flascherl und je nach Gebrauch träufelte ich davon etwas auf die Köderbrocken und auf die Steigsteine. Mit dieser Methode konnte ich einen wichtigen Beitrag zur Hege und Erhaltung meiner Tetraonen leisten.

Was nützt es eigentlich, die Hahnen auf die „Rote Liste" zu setzen, wenn sonst nichts passiert? Entscheidend ist, ihnen den Lebensraum zu erhalten. Wir hatten genügend Schläge, wo ausreichende Strauch- und Krautflora und somit die Hauptnahrung der Sommer- und Herbstmonate wuchs, nämlich reichlich Himbeere, Brombeere, Heidel- und Erdbeere. Wie oft donnerten, wenn ich vom Berg heimpirschte, mit hartem Schwingenschlag mehrere große Hahnen aus den verfilzten Schlägen? Das Wild hatte reichlich Nahrung und der Wald wuchs.

Mit dem zuständigen Förster, dem unvergessenen Max Fackler, konnten wir in einem Frühjahr ca. 25 Große und eine wesentlich größere Zahl Kleiner Hahnen bestätigen. Und dann durften drei Jagdgäste kommen und wir erlegten drei Hahnen (einen Großen und zwei Kleine). Die Hahnenbalz ist für mich die Ouvertüre der großen Jahresjagdsymphonie und es waren wenige Jahre, wo ich nicht das Gelall des Urhahnes und das Grugeln des Spielhahnes vom Berg ins Tal mit heimbrachte. „Glückliche Zeiten!" Am damaligen Forstamt Schliersee machte ein sehr umsichtiger Forstmeister seinen Dienst, genauso zog der zuständige Förster mit. Wir ließen den Raufußhühnern ihren Lebensraum. Altholzbestände, daneben Schläge mit reichlich Beerenäsung und Unterschlupf für die Küken. Der gezählte Bestand hat uns recht gegeben. Wie oft habe ich es erlebt, dass neben dem Rotwild eine Auerhenne ihren Nachwuchs ausführte und ich musste nur so staunen, wie umsichtig die Wildtiere miteinander umgingen.

Der Große Hahn verteidigt sein Revier.

Vom Rauhkopf kommend pirschte ich einmal über den Oberen Lochgraben zur Oberen Maxlrainer Alm. Ich pirschte, es war ein kühler Frühherbstmorgen, durch das Altholz, das sich in manchmal steilen Bögen, dann aber wieder etwas sanfter abwärts zieht, zur Riese des Taubenstein. Immer wieder blieb ich stehen und horchte mit offenem Mund einer vor mir herziehenden Hirschstimme nach. Unter einem schmalen Felsband, das sich zur Almfläche runterzieht, erklang nun kurz vor mir der aufregende Hirschbass. Ich setzte mich neben eine knorrige und rauborkige Altfichte und holte aus der Seitentasche meiner Lodenjoppe eine kleine Tritonmuschel, die ich aus Mallorca als Urlaubsandenken mitgebracht hatte. Mit einem verhaltenen Brummler versuchte ich den Hirsch zum Zustehen zu bewegen. Mehrmals gab ich auch den nasalen Laut des Alttieres von mir. Mit dem Bergstock schlug ich nun in die Äste einer kleinen Fichte und gab den Kampfruf von mir. Immer wieder gab der Hirsch herausfordernd Antwort, aber er stand mir einfach nicht zu. Gerade als ich aufstehen wollte, erschien eine Auerhenne mit ihrem flugfähigen Nachwuchs neben dem alten Steig und gockend und lockend zog die Auerwildbande an mir vorbei in Richtung Hirsch. Langsam pirschte ich nach. Unter einer weitastigen Altfichte, so wie sie nur am Berg wachsen, erschien das Haupt des Hirsches und dann auch vier Stück Kahlwild – zwei Alttiere mit ihren Kälbern. Der Hirsch, ein ungerader Vierzehner, ein Futterstadlhirsch von der Fütterung der Waizingeralm, einer meiner bestens veranlagten Zukunftshirsche, hatte hier seinen ersten Brunftplatz eingenommen.

Bereits wie ein Großer. Das Auerhahn-
küken testet schon einmal die besten
Balzplätze.

Mit neugierigem und auch ängstlichem Blick
äugten die Kälber, es war die erste Brunft, die
sie erlebten, zum kohlschwarzen Hirsch. Sicherlich wird der Hirsch ein Moorbad auf der
Schnittlauchmoos-Alm eingenommen haben,
denn nur dort in der Nähe gibt es Hochmoor-
quellen. Mitten durch das Brunftrudel führte
die Auerhenne ihren Kindergarten, die Küken
hatten in etwa die Größe von Rebhühnern und
man konnte schon erkennen, wer ein Hahn und
wer eine Henne werden würde. Die kleinen angehenden Hahnen hatten schon eine dunklere

Farbe und leicht angedeutet die schmalen Balzrosen. Das Rotwild blieb verhoffend stehen und äugte mit gutmütigem Blick den anderen Waldbewohnern nach. Es war und es ist so erfreuend, zu sehen, wie Wildtiere miteinander umgehen. Ich hatte mich in die Wurzelausläufer einer Bergfichte gesetzt und meine Hella zwischen die Füße genommen. Nochmals brummte der Hirsch zu mir her, ehe er über die Freifläche der Oberen Maxlrainer Alm zum Richtereck rüber seinen Harem trieb. Neben dem Brunftrudel her wuselte die Auerwildbande auch zum Hocheck rüber. Auch hier hatte ich die Bestätigung meiner Hegebemühungen.

Dass man nun auch noch der Fallenstellerei gewaltige Prügel zwischen die Füße wirft – und dies wird auch noch von der politischen Seite unterstützt –, ist mir einfach schleierhaft und für mich nicht nachvollziehbar. Es müsste doch dem Unerfahrensten völlig klar sein, dass ich jede anständige und auch waidgerechte Möglichkeit in Anspruch nehmen muss, um den Raufußhühnern wieder auf die Schwingen zu helfen. In meiner 40-jährigen Dienstzeit habe ich mir viel Erfahrung mit dem Stellen von Fallen erarbeiten können. Man kann die Hauptfeinde der Raufußhühner nicht ausrotten und kein vernünftiger Jäger würde das tun. Aber dass uns, den Jägern und auch Hegern, weniger Glauben geschenkt wird als idiotischen Krawallmachern, das macht mich sehr, sehr nachdenklich. Es ist mir schleierhaft, warum man uns die Fallenstellerei so erschwert, aber dann jammert, dass die Raufußhühner am Aussterben sind. Es sei mir die Frage erlaubt, wohin geht eigentlich der Weg? Hier wird nach dem Motto geurteilt: „Wasch mich, aber mach mich ja nicht nass."

An einem kalten Frühjahrsmorgen, ich hatte mich mit dem Kollegen Wildmeister Wolfgang Kampa zusammenbestellt, stiegen wir zum

Das Fallenstellen gehört zur Erhaltung eines artenreichen Wildbestandes dazu. Man kann sich nicht über das Aussterben von Tierarten in Afrika oder Asien beklagen und gleichzeitig der Ausrottung durch falsch verstandene Tierliebe im eigenen Land Vorschub leisten.

Die Balz macht hungrig.

Balzplatz in den Brottrögen auf. Ein wunderschöner Sternenhimmel funkelte über uns, als wir auf der Hartschneedecke schnell den Balzplatz erreichten und unsere „Hahnenfalzlaternen" löschten. Langsam stiegen wir zum Altholz auf. Immer wieder horchten wir, ob nicht der Perlengesang der Hahnen zu uns herunter drang. Unsere BGS hatten wir bereits an die Riemen genommen, als ich das erste zarte Worgen eines Hahnes vernahm. Mit dem Kinn deutete ich zum Balzbaum. Zur Vorsicht hatten wir, die hellen Hände haben schon einige Hahnenjäger verraten, uns Handschuhe übergezogen. Und dann begann ein Knappen und Trillern, Hauptschläge und Schleifen in ungebremster Folge. Um uns herum sangen und balzten neun Große Hahnen ihren Werbegesang in den anbrechenden Bergmorgen. Unter einer Alttanne hatten wir uns niedergelassen und horchten dem bescheidenen und dennoch wunderschönen „Falzarien" der Hahnen zu. Es war schon heller Tag, als mehrere Auerhennen neben und unter uns die Hahnen zur vollsten Verzückung trieben. Ein Hahn nach dem anderen ging nun flatternd zu Boden und marschierte mit aufgestelltem Stoß, einem Wagenrad ähnelnd, zu den Hennen. Immer wieder kam der kehlige und gackernde Laut, unterbrochen vom Flattersprung der Hahnen, die Herausforderung zur Paarung, vom Tanzboden der großen Waldsymphonie zu uns runter und rüber. Ein Radpaar nach dem anderen verschwand dann unter den kahlen Blaubeerblättern, ehe wir unsere steifen Glieder wieder bewegen konnten. Mit freudigem Gesicht erklärte mir der sehr erfahrene Kollege, dass er so etwas noch nie gesehen hatte. Gerade Wolfgang Kampa, ein sehr disziplinierter und äußerst erfahrener Schweißhundmann, unter dessen Fuchtel die besten BGS gezüchtet wurden, der auch der strenge und gerechte Zuchtwart unseres Klubs für Bayerische Gebirgsschweißhunde war, gerade Wolfgang

Kampa konnte ich hier ein einmaliges Erlebnis bieten. Unter Wildmeister Wolfgang Kampa wurde der grobknochige und im Rahmen passende Gebrauchshund für den Bergjäger gezüchtet. Ich habe selten einen Jäger erlebt, der so schnell die Mängel an unseren Hunden erkannte und genau wusste, welche Paarungen zusammenpassten.

Als wir den besten Balzplatz verließen, fragte mich der Wolfgang, was ich denn mache, dass es hier zu so einer Massierung der Großen Hahnen komme. Als er dann bei mir am „Jagahäusl" zum Frühstück mitkam, zeigte ich ihm das ganze Geheimnis, denn es hatten den Winter über 40 Füchse und Marder ihren Balg bei mir abliefern müssen. Hier traf der Spruch zu: „Der Zweck heiligt die Mittel!" Meine Arbeit bekam hier ihre Bestätigung.

Leider ist dieser so berühmte Balzplatz einem Skilift zum Opfer gefallen. Der letzte Hahn hat sich im Schleppseil „darennt", er lag tot in der Liftspur. Auch hier war die Natur wieder zweiter Sieger, nach dem Motto, was schert mich euer Sperren gegen die moderne Zeit, ihr EWIGGESTRIGEN. In einem meiner Bücher habe ich schon auf dieses brutale Vorgehen hingewiesen. Denn dort, wo einstens die Hahnen sangen und balzten, hört man heute das wahnsinnige Plärren aus den Lautsprecheranlagen

Der richtige BGS:
Bei der Zucht von Bayerischen Gebirgsschweißhunden kommt es immer wieder zu Modeerscheinungen. Der Berufsjäger braucht jedoch einen Hund, der vor allem im schweren Gelände Leistung bringen kann. Daher sollte der BGS diese Merkmale erfüllen:
- Charakerfest (ruhig)
- Wesensfest
- Wildscharf
- Stabile Knochen
- Eng anliegende Schulter
- Hinten leicht überhöht
- Lockerer Hals
- Gute Zähne (leichtes Scherengebiss)

Fangjagd ist Artenschutz.

In der Politik ist Natur immer nur dann wichtig, wenn sie nicht im Weg ist.

Um zu den Balzplätzen des Kleinen Hahns zu gelangen, muss man früh auf den Läufen sein.

und die oft hirnlosen Ansagen des Liftpersonals. Moderne Zeiten!

Am Kirchstein hatte ich einen sehr guten Balzplatz der Ritter mit den krummen Federn. An einem Frühlingstag, es lag noch Schnee, stieg ich über die Wallenburger Alm mit den Skiern zum „Kragenknöpferl" auf. Hella konnte dieses Mal nicht mitkommen; sie hatte eine Kiste voll Welpen zu versorgen. In einem Latschennest hatte ich einen bescheidenen Schirm gebaut, wo ich mich jetzt niederließ. Unter die Lodenjoppe zog ich noch den warmen „Schafwolljanker" an, den mir meine Frau gestrickt und unter den Christbaum gelegt hatte, so dass es mir auch schön warm war. Auch heute zeigte sich ein Traummorgen am Berg. Wie ein Scherenschnitt streckte der Wendelstein sein steiniges Felsenhaupt in den Morgen. Vom Boden der Wallenburger Alm herauf hörte ich den schnarchenden Balzlaut des Schneehahns und vom Felsriegel des Kirchsteins erklangen der Begrüßungsgesang der Ringdrossel und das feine Wispern des Rotschwanzes. Auf einmal fielen hintereinander sieben dunkle Batzen flatternd um mich herum ein. Der Kleine Hahn hatte die Balzarena betreten. Und dann begann ein Zischen und Kullern, ein Rogeln und Raufen. Ein besonders schneidiger Hahn duellierte sich ständig mit anderen Mitstreitern und Mitsängern. Immer wieder packte er einen Konkurrenten am Stingel und beutelte den Widersacher. Auch ich stimmte mit Zischen und Krugeln dem Minnegesang der blauschwarzen, rauflustigen Sänger mit ein. Mit dem schüttelnden Taschentuch und dem laut herausgepressten Zischen markierte ich den Flattersprung und im nächsten Augenblick rauchte der starke Althahn, beidseitig zierten vier „Krumme" sein weites Spiel, zur vermeintlichen Konkurrenz her. Auf so nahe Entfernung, der Hahn war zum Greifen nahe eingefallen, konnte ich den zitternden Stängel, gleich einem Blasebalg, beobachten. Ich traute mich fast nicht mehr zu atmen. Vor mir, dem einsamen „Bergjaga", der ich mich hinter einer Latschennaturverblendung eingeschoben hatte, krugelte und flatterte, zischte und harfte „da Kloane Hoh" wie ein junger Bursch beim Schuhplatteln, der vor lauter Lebenslust und Minnefreude sein umtanztes „Madl" auch mal vom Boden abhebt oder in die Luft wirft, dabei auch einen freudigen „Juchzer" hinausjodelt. Ich war mit dem Beobachten und Schauen so beschäftigt, dass ich übersehen hatte, wie der helle Tag am Berg seinen feierlichen Einzug hielt. Ein leichter Windstoß fuhr dem Althahn in sein weites Spiel und er musste jetzt schon mit der Balance kämpfen, wobei ich von der Seite und von vorne seine weiten Sicheln mehrmals ins Glas nehmen konnte. Er hatte vier „Krumpe" unterhalb seines weiten

Ein Balzplatz der schwarzen Ritter. Ein Gams beäugt kritisch den Radau, den die Hahnen veranstalten.

schneeweißen Spiels. Lange musste ich heute aushalten, ehe die Kampfarena geleert war und ich mit sanften und langen Schwingen, der Hartschnee knirschte nur so unter meinen Skiern, zur Oberen Maxlreiner Alm und zum Freund Walter Tscheba zum „Kaffeetrinken" einschwang. Herrgott war das dann ein feines Schnabulieren und Erzählen des Geschauten und Erlebten. Noch heute verbindet mich mit dem Idealisten Walter Tscheba und seiner lieben Christina ein inniges Verhältnis. Bei diesen feinen Bergwirten hat das Wild noch heute den Stellenwert, der ihm zusteht. Es gibt sie noch, diese dem modernen Zeitgeist nicht verfallenen Bergbewohner, Gott sei Dank.

Einige Tage später stieg ich mit einem feinen amerikanischen Oberst zum Balzplatz auf. Es war noch „Kuhsacknacht", als wir, versehen mit frischem Unterhemd und einem wollenen „Pfoad" uns im Latschennest einschoben. Der steinhart gefrorene Schnee erleichterte uns den steilen und weiten Aufstieg. Über uns glitzer-

Auch der Kleine Hahn kann gelockt werden. Mit dem Wetterfleck imitiere ich den einfallenden Konkurrenten, während ich mit der anderen Hand die Lautäußerung des Hahns nachmache.

te ein fantastischer Sternenhimmel und es war mucksmäuschenstill. Heute dauerte es etwas länger, ehe die Hahnen, es waren sogar noch mehrere „Bergsänger", ihre Turniere austrugen. Immer wieder leuchtete ein weißer Stoß aus den ausgeaperten Latschenzungen und schmalen Felsriegeln. Mein Ami-Oberst war fasziniert vom Minnespiel der Kleinen Hahnen. Etwas oberhalb von uns, auf einem kleinen Felsvorsprung, sang mit harfenden Schwingen der Althahn sein weithin hörbares Liebeslied in den erwachenden Morgen und wurde dabei kräftig vom wunderbar melodischen Gesang der Ringdrossel unterstützt. Im näheren Umkreis ließ sich kein anderer Hahn nieder oder wagte es, sich hier „sängerisch" mitzuteilen. Der Althahn hatte schon gehörig seine Balzarena ausgeräumt. Weithin leuchtete der hoch herausstehende weiße Unterstoß und gewaltige dicke Balzrosen, die weit über die Schädeldecke hinausragten, zeugten vom typischen Althahn, zumal nur wenig Braun auf den Schwingen auch das Alter bestätigte. Nun griff ich in meine Trickkiste. Mit der hohlen Hand als Trichter geformt, zischte ich zum Althahn rauf und schüttelte mit dem weiten Wettermantel den Flattersprung markierend zum weiten Turnierplatz. Im nächsten Moment warf sich der Hahn in die Luft und strich zu uns rüber bzw. runter. Vor uns drehte sich der blaue Ritter mit dem weiten Spiel. Mit dem Einschlag der Schrotgarbe rutschte der Hahn noch weiter zu uns runter, ehe er in einer kleinen Bodensenke verendet liegen blieb. Mein Oberst war begeistert vom Erlebten, und er musste schon etwas schlucken, als ich ihm auf dem verwitterten „Jagahuat" den Latschenbruch überreichte. Er ließ es sich auch nicht nehmen, den Hahn auf einem Latschenast, verziert mit Almrosenstauden, selbst zu Tale zu tragen. Immer wieder musste ich das wunderbare Smaragdgrün und das zarte Dunkelblau des Hahnes bewundern. Vorher machten wir noch beim Walter Tscheba ein ausgiebiges „Hohfalzfrühstück". Das war Bergjagd pur. Ich hatte für die Verständigung unter den Jägern und die waidgerechte Jagd einen neuen Anhänger und Jagdkameraden gewonnen. Heute steht der von Meisterhand bestens präparierte „Kloane Hoh", Meister Wimmer aus Pfarrkirchen versteht sein Handwerk, in Amerika und erzählt von der waidgerechten Jagd am Kirchstein im Rotwandgebiet.

Die beste Methode, um den Raufußhühnern unter die Schwingen zu greifen, um ihnen das Überleben zu erleichtern, ist die scharfe Bejagung ihrer Feinde und die Sicherung ihres Lebensraums. Es kann und es darf einfach nicht sein, dass wir in die letzten noch einigermaßen ruhigen Plätze mit den Skiern reinfahren, unter fadenscheinigen Argumenten Forststraßen reinbauen und so dieser Wildart das Leben nicht nur sehr schwer, sondern fast unmöglich machen. Uns müsste doch eigentlich klar und bewusst sein, dass jede Straße, ist sie einmal da, auch benutzt wird. Und welche Argumente hier oft herhalten müssen, damit man sich eine Fahrerlaubnis erschleichen kann! Hier erwarte ich aber dann auch endlich den Mut der Politik, dass es echte Wildruhezonen geben und diese, auch unter dem Zwang von empfindlichen Geldstrafen, eingehalten werden müssen. Wir haben schon viel zu viel dem Moloch Wohlstand und Geld geopfert. Bringen wir endlich den Mut auf, hier einzugreifen, denn sonst heißt es eines Tages: „Es war einmal …"

Ein stolzer Hahn - überreicht auf einem Latschenzweig.

Das Schwarzwild

An die Sauen musste ich als Bergjäger mich erst gewöhnen.

Viele meiner Freunde und besonders die Berufskollegen konnten es einfach nicht glauben, dass ich, der klassische Hochgebirgsberufsjäger, so eine Freude mit dem Schwarzwild haben würde. Ich gebe zu, ich stand den Sauen zuerst sehr misstrauisch gegenüber. Am Anfang meiner Ebersberger Zeit konnte ich den „stinkenden" Bodengräbern nicht viel Sympathie abgewinnen. Als ich aber dann die Sauen gezwungenermaßen näher kennenlernte, da freundete ich mich mit den schlauen Gesellen dann langsam an. Was ich an den „Schwarzkitteln" aber am meisten schätzte, war ihre sprichwörtliche Intelligenz und ihre Schlauheit. Wenn man, so wie ich, gänzlich unerfahren, auf einmal mit den Sauen zu tun hat, ja regelrecht ins kalte Wasser geworfen wird, dann muss man sich natürlich ein eigenes Bild machen. Und gerade im Ebersberger Forst, der springende Keiler ist ja das Wappentier des Landkreises Ebersberg und das Hauptwild ist nun mal die Sau, bleibt einem keine andere Wahl, als sich mit den Sauen zu arrangieren. Ich kniete mich in das Thema Schwarzwild richtig rein und ehe ich mich versah, wurde ich ein unverbesserlicher Anhänger der Sauen. Ich hatte aber auch das Glück, dass mir meine neuen Kollegen, Oberjäger Karl Sigl und Oberjäger Kaspar Ritter, zur Seite standen und mir halfen, in die Materie Schwarzwild reinzuwachsen. Es gibt wenige Reviere, wo die Sauen so ritterlich und so fair behandelt werden wie im Staatsrevier Ebersberger Forst. Selten findet man noch so viele alte und reife Keiler wie in diesem mustergültigen Jagdbetrieb. Eine riesige Zahl von Wildwiesen musste erhalten und gepflegt werden. Wenn die Sauen eine Wiese wieder einmal umdrehten, dann wussten wir, dass unter der Grasnarbe enorm viele Engerlinge hausten und lebten. Die Wildwiesen wurden dann halt umgepflügt, die Schollen konnten im Winter richtig durchfrieren und im zeitigen Frühjahr nach der Mulchbehandlung wieder neu eingesät und gewalzt werden. So eine behandelte Wiese hatte dann vor dem neuerlichen Umbruch durch die Sauen längere Zeit ihre Ruhe. Ich konnte mir gar nicht vorstellen, wie viel Grünäsung die Sauen brauchen. Friedlich vereint standen auf den Wiesen oft alle vier Schalenwildarten nebeneinander. Während sich Sau und Rotwild, auch das Muffelwild, gut verstehen, zogen sich die Rehe eher zurück, wenn die Sauen auftauchten. Sicherlich werden schon einige frisch gesetzte Rehkitze, aber auch Muffellämmer, als Osterlamm im

Diese Wiese im Ebersberger Forst wurde umgepflügt und im Frühjahr neu eingesät.

Sauen brauchen auch Grünäsung.

Das lichtstarke 8 x 56 ist erste Wahl für den Saujäger. Hier sollte jedoch ein Glas mit guter Qualität, kein Billigglas verwendet werden.

Rotte mit Frischlingen.

Saumagen verschwunden sein. Und wenn im Bestand die Rehe anfingen zu schrecken, dann konnte mit dem Erscheinen von Sauen gerechnet werden. Als ich die ersten Pirschgänge im großen Waldgebiet des Forstes unternahm, hatte ich fast immer Anblick von Sauen. An den Kirrungen, die im Sommer jeden zweiten Tag und in den Wintermonaten jeden Tag mit einer bescheidenen Menge an Mais beschickt wurden, stellten sich noch zur hellsten Tageszeit die Sauen ein. Als mich meine Frau für ein paar Tage im Forst besuchte, setzte ich meine Ilse an eine besonders gut angenommene Kirrung auf eine hohe Kanzel. Ich wusste mittlerweile, dass hier mehrere Keiler, darunter ein rußschwarzer Urian, zur Maisbrotzeit ziehen würden. Zur vereinbarten Zeit wollte ich meine Frau an einer Forststraßenkreuzung abholen. Ich wartete längere Zeit, doch Ilse kam nicht. Ganz langsam pirschte ich eine Schneise zur Kanzel runter. Mit dem lichtstarken 8 x 56 konnte ich mehrere dunkle Batzen an der weit verstreuten Kirrung ausmachen, darunter einen starken Keiler. Leise stieg ich die Kanzel rauf, auf der zitternd meine Frau saß.

„Da steig ich nicht mehr runter, da sind zwei starke Keiler dabei", waren ihre Begrüßungsworte. Es blieb mir keine andere Wahl, als die Sauen zu vertreiben, denn um keinen Preis war meine Frau zu überzeugen, dass das Schwarzwild niemals angreifen würde, es sei denn bei Gefahr für die Frischlinge. Dann kann eine Bache schon sehr angriffslustig reagieren, und auch mit einem angeschossenen oder angefahrenen Keiler ist nicht gut Kirschen essen, wie meine Narben am Körper beweisen. In der Zwischenzeit hatte ich bereits das Gefahrblasen erlernt. So blies ich, die Zunge eingerollt, mehrmals durch die hohle Hand. Im nächsten Moment war die Bühne leer. Nach nochmaligem gutem Zureden stiegen wir dann ab.

Mehrmals während meiner Zeit im Ebersberger Forst konnte ich dieses Gefahrblasen praktizieren und hatte jedes Mal damit Erfolg. Ich konnte dabei auch feststellen, dass jedes Rottenmitglied zur Aufmerksamkeit erzogen wird bzw. Verantwortung übernimmt. Mit hoch aufgestelltem Pürzel wird der Gefahrenherd umrundet, laut Wind geholt und dann geht die gesamte Rotte flüchtig ab. Dies bedeutet Achtung: Alarm.

Ein sehr lehrreiches Erlebnis ist mir noch in besonderer Erinnerung. Mit dem Chef des Forstamtes pirschte ich auf einen alten Keiler, der sich an einer Kirrung, der sogenannten Mooswiese, eingestellt hatte bzw. fast bei jedem Ansitz zu sehen war. An dieser Kirrung stand auch eine mehrköpfige Rotte, zwei ältere Bachen mit mehreren Frischlingen und drei Überläuferbachen. Die Überläuferkeiler waren im zeitigen Frühjahr bereits vertrieben worden. Wir saßen schon 20 Minuten an der Kirrung, ich hatte von der Forststraße aus einen schmalen Pirschsteig ausgekehrt, als aus der weitläufigen Dickung ein vorwitziger Frischling zum Mais zog. Ich hatte das Gefühl, dass er es nicht mehr erwarten konnte, sich hier als Erster zu bedienen. Im nächsten Augenblick stürmte mit hoch erhobenem Pürzel, dabei auch böse grollend, die Leitbache zur Kirrung und versetzte dem Frischling regelrecht eine „Watschen". Laut klagend wetzte der unartige Lausbub in die Dickung zurück. Die Bache, die eine sehr gute Mutter ist, erzieht ihre Kinder nicht gerade sehr zimperlich, es bleibt ihr bei einer großen Zahl von Frischlingen auch keine andere Wahl. Mehrmals konnte ich dann beobachten, dass die Leitbache bestimmt, wann zur Maismahlzeit gezogen wird. Wer nicht folgt, bekommt seine Hiebe. Nach dem Motto: Wer nicht hören will, muss fühlen.

Wildschweine sind gesellige Tiere, die über Lautäußerungen miteinander kommunizieren. Diese Kommunikationsform kann sich der Jäger zunutze machen.

Frischlinge durchlaufen eine strenge Kinderstube. Strikte Erziehung sichert den Zusammenhalt und damit das Überleben in der Rotte.

Bachen sind durchaus in der Lage, ihren Nachwuchs zu verteidigen. Grundlos aggressives Verhalten zeigen sie jedoch nicht.

An derselben Kirrung stand die Rotte auch, als eines hellen Vormittags ein einzelner Spaziergänger auf der nahen Forststraße in Richtung Mooswiese vorbeimarschierte. Seinen hochläufigen Hund hatte er natürlich nicht an der Leine, weshalb ich ihn darum bat, das doch nachzuholen. Der Wanderer gab mir zur Antwort: „Ich kann tun und lassen, was ich will, kümmern Sie sich um ihre Angelegenheiten." Im nächsten Augenblick stürmte der schwarze Köter auch schon zur Kirrung und griff sich einen Frischling. Eine Bache schnappte sich daraufhin die Frischlingsbande und flüchtete dem Einstand zu. Die Leitbache eilte nun dem laut klagenden Frischling zu Hilfe, überrollte den wildernden Köter und vermöbelte das „Hundsvieh" auf gröbste Weise. Mit stark blutenden Wunden, die Bache hatte mehrmals kräftig zugebissen, kroch nun der Hund zu seinem „Führer" zurück. Der Hundebesitzer musste den Tierarzt aufsuchen und beschwerte sich auch noch in unflätiger Art beim Forstamt. Gott sei Dank hatte auch mein Kollege Karl Sigl den feinen Herrn, denn als solcher gab er sich aus, schon mehrmals gebeten, seinen Hund an die Leine zu nehmen und hier hatte nicht nur der Hund, sondern auch der Besitzer hartes Lehrgeld bezahlen müssen, denn wie ich in Erfahrung brachte, war die Tierarztrechnung gerade nicht die kleinste. Der Chef schmiss den aufbrausenden Streithammel einfach aus dem Dienstzimmer. Nach zwei Tagen saß ich am Vormittag wieder an der Kirrung und nach kurzer Zeit erschien die Rotte wieder vollkommen vereint am Mais. Nur ein Frischling humpelte leicht. Ich will damit nur zum Ausdruck bringen, wie großartig die Bache ihre Kinder verteidigt. Der Hundebesitzer hat den Landkreis Ebersberg „leider" verlassen. Sicherlich wird ihm keiner eine Träne nachweinen.

Mit dem Aufgang der Jagd auf den Rehbock, begannen wir auch mit der Bejagung der Überläufer und wir sind dabei gut gefahren. Jeden einigermaßen starken Überläuferkeiler ließen wir ziehen, sie beteiligen sich ja nicht an der Vermehrung, jedoch bei den Überläuferbachen langten wir anständig hin und erlegten sie bei jeder sich bietenden Gelegenheit.

Auf die konsequente Einhaltung dieser Abschussvorgaben sollte genau geachtet werden, um einen gesunden Schwarzwildbestand zu erhalten. Für mich, den Bergjäger, bedeutete diese Art der Bejagung natürlich erst einmal eine kolossale Umstellung. Aber der Erfolg gab uns recht. Alle Jahre konnten wir im Ebersberger Forst ca. 20 starke Keiler erlegen. Nicht nur die Waffen der Keiler wurden immer länger und auch breiter, sondern auch die Wildbretgewichte stiegen kontinuierlich nach oben. An meinen 23 Kirrungen konnte ich aber auch feststellen, dass sich an manchen Kirrungen mehr Keiler, an anderen mehr Bachen mit ihrem Nachwuchs einstellten. Ich hatte also getrennte Keiler- und „Kindergarten"-Kirrungen.

Noch bevor ich in den Ebersberger Forst kam, war der Bestand des Wappentieres durch die Schweinepest stark dezimiert worden, so dass zur Bestandsstützung fremdes Blut aus Ungarn eingekreuzt wurde. Als Folge davon hatten wir nun zwei Sauentypen. Während die Ungarnsau eher der länglichere Typ war, mit einem langen Wurf und auch längeren Waffen, d. h. die Hauer waren länger und die Haderer wesentlich breiter, waren die ursprünglichen Parksauen eher kürzer, d. h. walzenförmiger, außerdem sehr viel flinker und vom Wesen her aggressiver.

Ab Mai muss verstärkt auf Überläufer gejagt werden. Wahlabschuss gilt nur bei den Keilern.

Ein gut ausgeführter Sauenabschuss sollte folgendermaßen ausschauen:
80 % Frischlinge,
10 % Überläufer,
5 % Bachen,
5 % Keiler.

Keiler und Mutterrotten meiden einander. Das zeigt sich auch bei der Wahl der Kirrungen.

Konsequente und disziplinierte Hege wirken sich sehr schnell positiv auf den Schwarzwildbestand aus.

Bei zu großen Beständen ist auch ein gezielter Eingriff bei den Bachen notwendig.

Wie bei allen Wildarten erfordert die Bejagung der Bachen viel Erfahrung.

Im November nachrangige Bachen zu erlegen, bringt den besten Erfolg.

Waldbaulich wertvoll: Sauen lockern den Boden und vertilgen bevorzugt Wurzelschädlinge wie Wühlmäuse und Insektenlarven.

Durch unsere konsequente Schwarzwildbewirtschaftung, also durch einen richtigen Abschuss, erreichten wir einen qualitativ sehr guten Schwarzwildbestand. Die Wildbretgewichte gingen ständig nach oben und die Waffen der Sauen bzw. der Keiler wurden immer besser. Nach einem nötigen Eingriff auch bei den Bachen, es wurden nur nachrangige Bachen und auch diese erst ab November erlegt, stiegen bei den Frischlingen die Wildbretgewichte enorm an. Als die Stürme Vivian und Wiebke schwere Schäden am Wald anrichteten, zu allem Überfluss dann auch noch eine Borkenkäferkalamität wütete und über 800 000 Kubikmeter Holz vernichtet wurden, waren die Sauen beim Aufbau neuer Wälder unsere besten Verbündeten, indem sie die sich sprunghaft vermehrenden Mäuse kurzhielten. Auf einer riesigen Kahlfläche hatte ich zur Bejagung aller vier Schalenwildarten eine hohe Kanzel errichtet. Ganz zaghaft verkündete der Hausrotschwanz das Eintreten des neuen Morgens, als ich mich auf dem Sitzbrett niederließ. Neben der kiesigen Forststraße, auf einem langen, aber schmalen Äsungsstreifen, marschierte gleich einer Kirchenprozession eine starke Rotte Sauen zur lichtigen Kahlfläche. Wie ein Geschwader streifte nun die Sauenbande durch die neu aufgeforstete Wind- und Borkenkäferfläche und ging auf Mäusejagd. Immer wieder griffen die flinken Waldbewohner ins hohe Gras und immer wieder verschwand eine quietschende Maus im Gebrech unserer Verbündeten. Hier bewahrheitete sich der Spruch: „Die Sau ist im Wald ein Segen, auf dem Feld ein Fluch." Dort, wo im Wald ein bescheidener Schwarzwildbestand auch eine bescheidene Hege erfahren darf, dort wächst auch der Wald.

Ich hatte aber das Glück, dass der größere Teil des Ebersberger Forstes, nämlich ca. 5000 ha, umzäunt war. Aber auch außerhalb des

Gatters waren Sauen Standwild, allerdings in sehr bescheidenem Ausmaß. Sobald ich merkte, dass Sauen im Auspark zu Schaden gingen, wurde die Jagd auf den Feldern intensiviert. Ich war 14 Jahre im Ebersberger Forst als Berufsjäger beschäftigt. Zehn Jahre lang hatte ich auch im Auspark einen Teil meines Dienstreviers. Und mit Stolz kann ich sagen, ganz selten wurden wir wegen Wildschaden durch die Sauen zur Kasse gebeten. Im Wald hatte ich mehrere Kirrungen eingerichtet und dort hatten die Sauen ihre Ruhe vor mir. Jeden Tag brachte

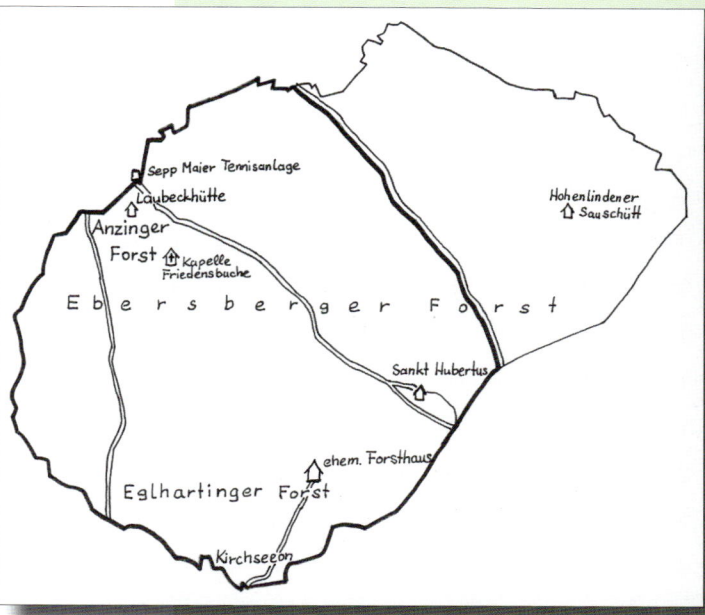

Der Ebersberger Forst.

ich einen kleinen Kübel Mais zur Kirrung, und ich behaupte, dass die schlauen Borstenträger mein Auto kannten. Kaum war der brummende Ton meines Geländewagens verstummt, standen schon die Sauen auf den Kirrplätzen. Im Wald herrschte absolute Jagdruhe, auf den Feldern gab es Krieg. Wenn in einem der riesigen Maisflächen Sauen eingezogen waren, dann vertrieben wir sie mittels Kanonenschlägen. Von der Staatsstraße her stiegen wir in den Maisschlag und ich zündete immer wieder einen Kanonenschlag und imitierte den Klagelaut einer getroffenen Sau. Vor und neben mir stürmten die Sauen dem Wald und dem schützenden Einstand zu. Ich hatte immer mehrere Ansitzleitern auf Vorrat gebaut und in eine der zahlreichen Randbäume mit Blick zum Feld aufgestellt. Mehrmals setzte ich mich auf eine dieser Hochsitze. Einmal saß ich auf so einer bescheidenen Ansitzleiter. Es war noch ziemlich dunkel, als vor mir im Weizenfeld die Sauen stritten. Hin und her ging das Versteckspiel und sich gegenseitiges Fangen, und nur an den wogenden Ähren konnte ich die laute Streiterei der Sauen optisch wahrnehmen. Immer wieder suchte ich den Fel-

Bei Wildschäden helfen nur eine scharfe Bejagung und ständige Beunruhigung im Feld sowie absolute Jagdruhe an den Ablenkkirrungen und im Wald.
Das Schwarzwild merkt so schnell, wo es erwünscht ist und wo nicht.

149

Getroffen.

Lautes Klagen und Zusammenbrechen im Knall deuten auf einen Knochentreffer.

Intakte Familienstrukturen beim Schwarzwild führen zu einer kurzen und einheitlichen Rauschzeit.

drand mit meinem lichtstarken Zeiss 8 x 56 ab. Auf der Staatsstraße brummte ein Traktor zum nahen Kleefeld, um für die Stallkühe Klee und Gras zu holen. In der Zwischenzeit hatte das Fangenspielen der Sauen aufgehört. Da, auf einmal zog eine Sau ins nähere Kartoffelfeld. Es war eine Bache mit mehreren Frischlingen, die ihr gestreiftes Kinderkleid bereits gegen das braune Jugendkleid gewechselt hatten. Im nächsten Augenblick stand eine geringe Überläuferbache auch im Kartoffelfeld. Blitzschnell hatte ich das Glas mit der Büchse gewechselt und im nächsten Moment lag der braune Wuzel laut klagend und stürmisch mit den Vorder- und Hinterhammern schlagend am Rande des Feldes. Wild ruderten und flüchteten die Sauen zurück zum Weizenfeld. Nun zogen sie hier aber wieder die Notbremse, denn vor ihnen ratterte das Mähwerk unter dem brummenden Ton des Traktors. Nochmals stürmte die Leitbache durch das Weizenfeld zu mir her. Am Rande des Kartoffelfeldes zog die Bache wieder die Handbremse und nochmals sprach bei einem weiblichen Überläufer mein unverwüstlicher Mannlicher Schönauer sein donnerndes Echo. Auch diese Sau beklagte laut quietschend den Erhalt der Kugel und dann rumpelte und flüchtete die Rotte an mir vorbei dem großen Wald zu. Mehrmals habe ich festgestellt, dass die Sauen blitzartig zusammenbrechen und laut klagen, wenn der Schuss auf einen Knochen trifft, weshalb ich bewusst auf die Blattschaufel zielte. Das Sterben eines Artgenossen bleibt den intelligenten Sauen eine ganze Weile im Gedächtnis haften und sie meiden diesen Ort dann für längere Zeit.

Durch unsere konsequente Bejagung hatten wir nur eine kurze Rauschzeit. Ab Mitte November, wir fanden an den Randbäumen den abgestreiften Schaum der Keiler und ein moschusähnlicher Geruch lag auf den Kirrplätzen, wurde kein Keiler mehr erlegt. Wir jagten schließlich nicht nur wegen der sehr guten Waffen bzw. wir führten Jagdgäste auf den Keiler nur im Sommer und zu Herbstbeginn, sondern wir wollten auch wohlschmeckendes Wildbret in den Handel bringen. Ein rauschiger Keiler kann nicht mehr verkauft bzw. gegessen werden. Wie sagte der erfahrene Förster Ludwig Neissendorfer: „Da kann man ja

Starke Keiler jagten wir nicht während der Rauschzeit, da wir neben den Waffen auch das Fleisch verwerten wollten.

auch gleich auf einem Urinalstein rumbeißen." Wie recht er doch hatte! Wir hatten wie gesagt eine kurze, dafür aber heftige Rausche – ab Mitte Dezember war der große Radau wieder vorbei. Die Keiler leckten sich ihre Wunden und zogen sich zur Erholung in ihre Einstände zurück. Wenn an den Kirrungen Schweiß gefunden wurde, dann wussten wir, dass sich hier eine wilde Balgerei abgespielt hatte. Ich musste aber auch zweimal bei einem schwer geschlagenen Keiler, der von meinen BGS-Hündinnen zu Stande gehetzt worden war, mit der Büchse eingreifen und beide Male hing ihnen eine Darmschlinge aus den Dünnungen. Die Krankwitterung war für meine Hündinnen fürwahr ein Magnet.

Einmal an Heiligabend war ich schon sehr früh unterwegs, meine Kirrungen und Fütterungen zu beschicken, denn auch meine Familie hatte ein Anrecht auf den Mann und Vater und so musste ich mich etwas beeilen. Neben der BGS-Hündin Drixi hatte ich auch die schneidige Braunschimmel-Wachtelhündin des Försters Kurt Allekotte mitgenommen. Als ich gerade

Kämpfe unter gleich starken Keilern führen nicht selten zu ernsthaften Verletzungen.

auf den Tischen die Silage ausbreitete, waren die zwei Hündinnen auf einmal verschwunden. Im nächsten Augenblick, nach kurzem Hetzlaut, erreichte mich aus einem Altholzblock der giftige Standlaut von Drixi und Anka. Ich dachte mir noch nichts dabei und versorgte die zahlreichen Raufen und Silagetische, während der giftige Standlaut der Hündinnen in steter Reihenfolge zu mir rüberwehte. Auf mein Pfeifen hin wurde der Standlaut noch wesentlich strenger, lauter und giftiger. Nun holte ich doch den Mannlicher aus dem Geländewagen und pirschte dem Bail zu. Unter einer starken Fichte bot sich mir ein Bild des Erbarmens. Mit heraushängendem Waidsack hatte sich ein Keiler mit dem Rücken an den Baum gelehnt. Stetig umsprangen die zwei Hündinnen die arme Kreatur, ehe der wohlgezielte Fangschuss dem Drama ein Ende bereitete. Der alte Keiler hatte bei einer Auseinandersetzung mit einem seiner Artgenossen einen schweren Hieb durch das Gescheide bekommen, so dass der Waidsack und ein Teil des Gescheides herausquollen. Die gesamte Bauchhöhle war vereitert und ich musste den Keiler zur Abdeckerei bringen. Die zwei Hündinnen hatten die Krankwitterung aufgenommen und ihrem Urtrieb folgend die Sau zu Stande gehetzt.

Wenn man Schwarzwild anständig und ritterlich – wie Sauen ja selbst sind – behandelt, dann kann man mit dieser intelligenten Wildart viel Freude haben. Der Bestand darf nur nicht ins Uferlose gehen, weshalb die Frischlingsbejagung so wichtig ist.

Die Leitbache bestimmt den Termin der Rausche. Immer wieder konnte ich bei meinen Rotten feststellen, dass in ganz kurzer Zeit sämtliche Bachen rauschten und bei den vielen Frischlingsbachen, die ich selbst oder meine Jagdgäste erlegten, stellte ich nur einmal eine Tracht fest. Die Leitbache lässt es nicht zu, dass in einem gut aufgebauten Schwarzwildbestand, Frischlinge bereits rauschen. Gerade die Sauen, von manchem Jäger werden sie wie Ungeziefer behandelt, verdienen weiß Gott eine anständige Bejagung und Behandlung. Wenn ich immer wieder Klagen höre, die Rauschzeit ginge über das ganze Jahr, dann wurden oder werden von einigen Jägern große Bejagungsfehler gemacht. Wer die führende Bache von den Frischlingen wegschießt, dem ist nicht bewusst, was er damit anstellt. Die Erfolge im Ebersberger Forst haben uns recht gegeben und ich, der „Bergjaga", hatte nach kurzer Zeit viel Freude mit den schlauen, ja man kann sagen, gescheiten Sauen.

Doch das Fehlen einer erfahrenen Leitbache hat noch andere Auswirkungen. Wir dürfen uns dann auch nicht wundern, wenn riesige Wildschäden entstehen. Eine unerfahrene Jungbache zieht in die Feldflur, zu Mais, Kartoffel und Getreide, und die Schwarzwildschäden können dann beängstigende Ausmaße annehmen.

Intensive Frischlingsbejagung ist der Schlüssel zum Erfolg für einen gesunden Schwarzwildbestand.

Leitbachen müssen bei der Bejagung tabu sein!

In funktionsfähigen Rotten rauschen Frischlingsbachen nicht.

Revierübergreifende Bejagungsstrategien und enge Abstimmungen zwischen den Revierinhabern, vor allem in Feld und Wald, sowie die Schwarzwildhegegemeinschaften können aus dem „Problem" Schwarzwild wieder eine Freude machen.

Wir müssen lernen, mit den Sauen zu leben. Und diese Wildart hat es, wie auch alles andere Wild, verdient, anständig und waidgerecht bejagt zu werden. Wir sind keine Ungezieferverichter, sondern gestandene Waidmänner und Waidfrauen.

Es kann mir einer das vorbeten oder vorsingen, durch den wahnsinnigen Maisanbau wird der Schwarzwildbestand immer weiter wachsen. Uns, der Jägerschaft, wird, um die Sauen in den Griff zu bekommen, eine wichtige Aufgabe zuteil. Selbst im Inntal und auf den Südtiroler Hochalmen werden schon Sauen erlegt. Ich habe irrsinnige Schwarzwildschäden auch auf den Almböden in Südtirol gesehen und wenn man die Österreichischen Jagdzeitungen liest, den Anblick und St. Hubertus, dann wird hier von ständig steigenden Schwarzwildbeständen berichtet. Der Jägerschaft kann ich nur empfehlen, sich auf diese Problematik vorzubereiten. Mittlerweile können einige Jagdreviere im Frankenland ob der Schwarzwildschäden, die ins Uferlose gehen, nicht mehr verpachtet werden. Wenn der Schaden durch die Sauen den Pachtbetrag weit übersteigt, dann müssten doch sämtliche Alarmglocken läuten. Die Jägerschaft muss hier wesentlich besser zusammenrücken und dieses Problem gemeinsam angehen. Ich weise nochmals auf unsere verpflichtende Aufgabe hin, nur gemeinsam können wir diese Kuh vom Eis bringen. Ich bitte die Jagdpächter hier eindringlich: Geben Sie den Jungjägern eine Chance! Wer sich hier auszeichnet und den Pächtern hilft, den kann man, ja soll man mit einem dementsprechenden Trophäenträgerabschuss belohnen.

Das Muffelwild

Kurz vor seiner Ausrottung, es war, wie ein Sprichwort sagt, bereits fünf vor zwölf, wurde das ursprünglich aus Korsika und Sardinien stammende Muffelwild von wildfreundlichen und damals schon ökologisch denkenden Menschen gerettet. Zuerst wurde das Muffelwild im Berchtesgadener Raum ausgewildert, doch die unheimlichen Schneehöhen und vor allem langen Winter brachten den Bestand an den Rand der Existenz. Nochmals wurden die Restbestände gefangen und dann, es waren schon einige Wildschafe im Wildgatter, nach Ebersberg gebracht. Man konnte nur noch staunen, wie schnell sich diese Wildschafe eingewöhnten und rasant vermehrten. Nach einer nochmaligen Blutauffrischung wuchsen hier fürwahr kapitale Widder heran. Nach einigen Jahren, der Bestand hatte sich inzwischen enorm vermehrt, begann der vorsichtige Eingriff mit der Büchse.

Muffelwild wurde in der Geschichte bereits mehrmals fast ausgerottet und dann wieder gerettet.

Als ich an das damalige Forstamt Ebersberg versetzt wurde, waren die Muffel für mich ein willkommener Ersatz für meine geliebten Gams. Gerade in der Gamsbrunft fehlten mir die schwarzen Teufel sehr, ja ich hatte regelrecht Heimweh nach meinem Gamsgebirg. An einem nebligen Morgen saß ich dann an einer Geräumtschneise, als es neben mir knallte und ich fest davon ausging, es wären Pistolenschüsse gewesen. Schnell stieg ich von der hohen Kanzel herunter. Zu dieser sehr hohen Kanzel muss ich noch etwas erklären. Bei einer Frühpirsch mit dem Chef, FD Franz Hohenthaner, pirschten wir zwei zu dieser himmelhohen Ansitzeinrichtung. Langsam bestiegen wir die Kanzel, die 32 armdicken Leitersprossen waren vom starken Tauschlag der Nacht noch etwas rotzig. Mehrmals schüttelte der Chef ob der unheimlich hohen Kanzel den Kopf und seiner Brust entrang sich folgende Aussage: „Jetzt hat er keine Berge mehr, dafür baut er jetzt so wahnsinnig hohe Sitze." Und gerade von dieser Kanzel aus konnte ich bei guter Sicht einen meiner Lieblingsberge sehen, die Brecherspitz. Und am Fuße dieses markanten Berges steht mein Haus und dort wohnt meine Liebste. In Gedanken schickte ich einen Gruß zu Berg und Heimat. Manchmal, wenn mich das Heimweh arg plagte, pirschte ich zur „Brecherspitz-Ausblickkanzel" und dann, wenn ich aus dem zartnebligen Dunst die markante Silhouette der Brecherspitz in Anblick bekam, dann war ich doch wieder zufrieden und ich stürzte mich wieder in mein arbeitsreiches Leben.

Der stolze Korse wurde im Ebersberger Forst schnell heimisch.

Und gerade auf dieser Kanzel saß ich, als ich glaubte, vor mir wäre ein Wildererdrama oder eine sonstige Auseinandersetzung im Gange. Meine Hella kroch aus der kleinen Hundebehausung und pirschte mit mir der sich stetig wiederholenden Knallerei zu. Im Stangenholz vor mir sah ich zwei Widder. Wie bei einem Ritterturnier stolzierten die Kontrahenten mit nach hinten gelegten Lauschern tänzelnd rückwärts und dann stürmten sie in höchster Fahrt aufeinander zu. Ich war sprachlos und mein einziger Gedanke war: „Mensch miaßn de Kopfweh kriegen." Mir fiel dabei besonders die unterschiedliche Farbe der Decken auf. Ein Widder, er hatte eine weit ausgelegte Schnecke, war fast schwarz wie die heimatlichen Gamsböcke. Beim anderen Widder zeichnete sich eine schneeweiße Schabracke vor dem eher bunt gefärbten Anzug ab und er hatte eine langmähnige Halskrause. Noch mehrmals rumpelten die Schneckenträger, der bunte Widder hatte eine eng gestellte Schnecke auf seinem Haupt, zusammen, bevor sie hintereinander dem Wildacker zuzogen. Einer der Widder schüttelte dabei mehrmals sein mit Narben überzogenes Haupt und ich sagte zu meiner Hella, die mit aufgestellten Behängen dem Gamsersatz nachäugte: „Glaubst es, der hat jetzt Kopfweh."

Inzwischen hatte der Bestand an Muffel die oberste Grenze erreicht bzw. bereits überschritten. Uns war vollkommen klar, dass mancher Schälschaden, der vom Muffel stammte, dem Rotwild in den Äser geschoben wurde. Gleich einem Dreieck zeichnet sich die Rindenschäle, die vom Muffelwild herrührt, besonders an Altbuchen ab. Die Schälschäden waren nicht mehr hinnehmbar und darum wurde ein höherer Abschuss beschlossen. Wir vollzogen, wie beim anderen Schalenwild auch, eine vernünftige Bewirtschaftung. Kaum eine Wildart ist so leicht zu steuern, aber auch wieder so schwer zu bejagen wie diese stolzen Korsen. Auf den Wildwiesen entstanden neue Ansitzeinrichtungen, aber auch neue Äsungsflächen wurden angelegt. Wir mulchten und eggten die vielen Freiflächen neu ein und säten ein spezielles, blumen- und blütenreiches Äsungsangebot für alles Schalenwild auf die neu entstandenen Wildwiesen. Uns war völlig klar, dass der Reduktionsabschuss so schnell wie nur möglich zu vollziehen war. Keinen von uns drei Berufsjägern machte das „Umbringen" der Wildschafe Freude, aber wir sahen absolut ein, dass es dringend geboten war. Mit der großen Unter-

Auch Muffelwild schält, daher ist auch dieser Bestand sinnvoll zu bewirtschaften.

Wildackermischungen gibt es viele. Vor der Einsaat ist zu bedenken, welchen Wildarten die jeweilige Äsungsfläche zugutekommen soll.

Muffel sind außerordentlich anpassungsfähig und verstehen es, sich für den Jäger unsichtbar zu machen.

stützung durch unsere Förster hatten wir den Bestand dann nach drei Jahren deutlich gesenkt. Der Haupteingriff musste beim weiblichen Wild geschehen, während wir bei den Schneckenträgern sehr sparsam vorgingen. Sah man vor der Reduktionsphase viele Muffelrudel aus Schafen und Lämmern, zogen nach dem starken Aderlass viele nur aus Widdern bestehende Rudel durch den Wildpark. Ich habe selten so schlaues und übervorsichtiges Wild erlebt wie unsere Mufflon. Manchmal sah man tagelang, ja wochenlang nicht ein Stück Muffelwild. Ich glaubte schon, wir hätten zu viele erlegt. Aber dann, wenn es über dem dunklen Wald tagelang regnete, dann schauten aus jeder Dickung Muffelschafe und Lämmer und die stolzen Widder. Ich muss mit Freude zugeben, es ist ein königliches Wild, das mich ganz in seinen Bann gezogen hat – Gamsersatz.

Immer wieder sah ich im Herbst frisch gesetzte Lämmer. Natürlich wurden diese bevorzugt erlegt, stand ihnen doch ein langer und strenger Winter bevor. Lange Zeit fragte ich mich, warum die Schafe so oft erst im Herbst ihr Lamm setzten. Bis ich dann eines Tages auf einer Wildwiese beobachten konnte, wie eine führende Bache ein Muffellamm fing, umbrachte und dann auffraß. Wie sagte der Oberjäger Karl Sigl immer: „Das ist für die Sauen ein Osterlamm." Durch diesen Anblick wurde mir klar, dass das Schaf, das so früh sein Lamm verliert, erneut brunftig wird und noch einmal setzt.

Ein besonderes Erlebnis ist mir noch in Erinnerung. Ein Jagdgast hatte sich zur Bejagung eines 2B-Widders angesagt. Nach dem obligatorischen Probeschuss, ich hatte mir in einer Kiesgrube ein feines Schusshütterl gebaut, die „Bix" schoss ausgezeichnet, pirschten wir zum Kreuz, einer von den Mufflon sehr gut angenommenen Äsungsfläche. Mitten in einer be-

Der frühe Verlust eines Lamms kann beim Schaf eine Nachbrunft auslösen.

grünten Wegschneise hatte ich eine neue Kanzel aufgestellt. Wir machten es uns auf der Ansitz-einrichtung gerade bequem, als aus der langen Dickung, die sich fast bis zum Wegkreuz zog, ein Altschaf auszog. Es hatte eine blendend weiße Schabracke, was beim weiblichen Muf-felwild sehr selten ist. Kurz darauf tänzelten ein starkes Widderlamm und ein Schmalschaf zur Äsungsfläche, dabei regelrechte Bocksprün-ge vollziehend. Die beiden unterhielten sich prächtig. Auf einmal äugte das Altschaf zum gegenüberliegenden Stangenholz. Eine regel-rechte Widderprozession strebte der Äsungsflä-che zu. Vor uns, neben uns und hinter uns ästen, scherzten und balgten sich achtzehn Muffelwid-der, aber ich konnte beim besten Willen keinen 2B-Widder bestätigen. Unsere konsequente Be-wirtschaftung und unsere straffen Bejagungs-richtlinien zeigten hier ihre Wirkung. Immer wieder suchte ich einen Abschussgrund, immer wieder musterte ich die Widderversammlung. Es war einfach nicht möglich, hier einen 2B-

Muffel sind besonders schusshart, daher ist auch bei guten Schüssen mit langen Fluchten zu rechnen.

Auch beim Muffelwild zahlt sich eine konsequente Hege aus.

Widder herauszusuchen. Wir hatten uns 170 Punkte als oberste Grenze bei den Widdern gesetzt und was ich hier vor mir sah, war deutlich darüber. Gerade als ich meinen Gast darüber aufklärte, zog noch ein Widder nach, es war der neunzehnte. Auch dieser Widder, er hatte nur einen sehr engen Kreisbogen, wäre normalerweise nicht der Kugel verfallen. Mit nickendem Haupt zog er zur Salzlecke und ich gab die Erlaubnis zum Schuss. Ohne zu zeichnen, stürmte der beschossene Widder über die Wildwiese und begrünte Forststraße, verhoffte am Anfang der Dickung, legte sich auf die Seite und war verendet. Sowohl mein Gast als auch ich konnten nur beide den Kopf schütteln über die unglaubliche Schusshärte der „Schneckenbuben", wie ich dieses Wild betitelte. An der Jagdhütte vermaß ich mit gemischten Gefühlen den stolzen Hornträger. Ich konnte es drehen, wie ich wollte, der Widder überstieg das gesetzte Limit um vier Punkte. Meinem Gast war das egal, er bezahlte die Abschussgebühren.

Was ich damit zum Ausdruck bringen will, ist, dass man mit konsequenter Hege und dem richtigen Bejagungsmodus sehr viel erreichen kann.

Und nichts als
die Wahrheit

Bei der Vernehmung von Zeugen vor Gericht, werden diese eventuell auch vereidigt. Und dabei heißt es, um der Wahrheitsfindung zu helfen: Und nichts als die Wahrheit – so wahr mir Gott helfe.

Nachdem ich immer wieder von Jägern die Frage höre, warum ich das herrliche Bergrevier Spitzingsee verlassen habe und dass ich strafversetzt wurde, sehe ich mich nun gezwungen, der Wahrheit die Ehre zu geben.

Es war an einem Februarmorgen, als mich mein inzwischen leider verstorbener Kollege, der Revieroberjäger Hans Frei, anrief, dass in der Wildkammer im Kloaschautal frisch erlegte Gams, darunter auch Gamsgeißen hängen würden. Der Kollege erklärte mir, dass diese vom Revierbeamten, dem stellvertretenden Amtsvorstand und vom Amtsvorstand selbst erlegt worden seien. Als Mitglied der BJV Kreisvorstandschaft Miesbach, als Leiter des Hegerings Leizachtal, als Mitglied des Kreis- und Gemeinderats und auch als Hilfsbeamter der Staatsanwaltschaft sah ich mich gezwungen, der Sache nachzugehen. Mir war dabei völlig klar, dass ich hier in ein Wespennest stechen würde, ja dass mir möglicherweise ein Gang nach Canossa bevorstand. Man hatte sich hinter dem Rücken von uns drei Berufsjägern eine Sondergenehmigung geben lassen und war dann zur Tat geschritten. Allerdings wurde in dieser Genehmigung klar und deutlich darauf hingewiesen, dass lediglich die Schonzeit für männliches Gamswild, Jährlinge und Kitze, nicht für Gamsgeißen aufgehoben sei. In meiner Verzweiflung und auch ohnmächtigen Wut habe ich den Fall – und es wurde ein bundesweit

Gamsabschuss im Februar?
Das konnte nicht sein.

161

Darf eine Behörde den Tierschutz aufgrund von Waldschäden vernachlässigen?

verfolgter Fall – in einem Brief an das zuständige Forstamt geschildert, mit der Bitte, diesen Brief an die Oberforstdirektion weiterzuleiten bzw. an das Bayerische Staatsministerium für Ernährung, Landwirtschaft und Forsten. Es kann doch nicht sein, dass die Forstbehörde zusammen mit dem Landratsamt eine Broschüre herausgibt, mit der Bitte, dem Gamswild in seinen Wintereinständen die so nötige Winterruhe zu lassen und dann dieselbe Forstbehörde genau das Gegenteil macht, nämlich in den immer kleiner werdenden Wintereinständen die Ruhe suchenden Gams barbarisch bejagt. Das nenne ich die klassische Verarschung der Bevölkerung!

Und nun kam eine Lawine ins Rollen. Auch dem zuständigen Landrat machte ich Meldung, wobei sich dieser mit der Bemerkung: „Ein Gamsabschuss im Februar ist mit nichts zu entschuldigen", sehr entrüstet zeigte. Auch meinem Berufsverband, den Bund Bayerischer Berufsjäger, erstattete ich Bericht, und genau hieraus versuchte man mir einen Strick zu drehen. Es sei mir die Frage erlaubt, sollte ich mich an die Caritas oder eine andere Organisation wenden? Auf mich kam eine riesige Lawine zu. Ich wurde in die Oberforstdirektion München bestellt und dort unter unwürdigen Behandlungen einem gnadenlosen Verhör unterzogen. Ja, ich wurde regelrecht fertiggemacht. Es wurde nach dem Motto verfahren: „Eine Krähe hackt der anderen kein Auge aus." In meiner Verzweiflung und Ohnmacht wandte ich mich an den damaligen Staatssekretär in der Bayerischen Staatskanzlei, Dr. Edmund Stoiber.

Dr. Stoiber nahm sich meines Falls an und berichtete dem damaligen bayerischen Staatsminister für Landwirtschaft und Forsten von dem Vorfall. Staatsminister Dr. Hans Eisenmann, ein sehr korrekter und auch weitsichtiger Mann, setzte sich daraufhin mit dieser jagdlichen Ungereimtheit auseinander. Als Delegierter konnte ich auf dem Landesparteitag der CSU Dr. Eisenmann den Vorfall genauestens schildern. Bei diesem Gespräch bat ich den Staatsminister auch darum, mich zu versetzen, da ich einem wahnsinnigen Mobbing ausgesetzt war.

Dr. Eisenmann nahm daraufhin in einem Brief an Dr. Stoiber, den mir dieser in Kopie zusandte, zum Sachverhalt Stellung. Hier der genaue Wortlaut:

„Anfang Februar hat das forstamtliche Personal 8 Stück Gamswild erlegt, davon drei Geißen. Für Letztere war die Schonzeit nicht aufgehoben. Deren Erlegung stellt somit eine Straftat im Sinne des § 38 Abs. 1 des Bundesjagdgesetzes dar. Die beteiligten Forstbeamten haben sich inzwischen selbst angezeigt. Die strafrechtliche Würdigung steht noch aus."

Dass ein Amtsvorstand nicht lesen konnte, dass die Gamsgeißen nicht zum Abschuss freigegeben waren, obwohl in dem Schreiben eindringlich darauf hingewiesen wurde, entbehrt jeglicher Logik und ist schon tragisch zu nennen. Es war und es ist nicht nachvollziehbar! Einem normalen Jäger hätte man zu Recht die Jagdkarte entzogen, bei einem akademischen Waid- und Forstmann schauen die Dinge ganz anders aus. Hier wurde der Straftatbestand, banal ausgedrückt, einfach unter den Teppich gekehrt.

Auch privat hatte ich in dieser harten Zeit einige schlimme Schicksalsschläge hinnehmen müssen. Der ältere Sohn meines Bruders Sepp war in einer Lawine ums Leben gekommen, mein Schwiegervater konnte endlich nach langem Leidensweg die Augen schließen und dann nahm sich mein Bruder, er kam über den Schicksalsschlag, dass sein Michael nicht mehr bei ihm war, nicht hinweg, selbst das Leben. Ich kam mir wie in einer Zentrifuge vor, ich war am

In der Presse wird das Thema über Wochen heiß diskutiert. Der Landesjagdverband fordert den Entzug des Jagdscheins, während sich einzelne Naturschutzverbände hinter das Vorgehen des Forstes stellen.

Wird mit zweierlei Maß gemessen? Ein einfacher Jäger verliert seinen Jagdschein scheinbar schneller als ein Förster.

Verzweifeln, als ich meiner Mama unter Tränen vom Tod ihres älteren Sohnes berichten musste. Ich konnte die Mama kaum trösten, die Schreie der verzweifelten Mutter gingen mir so sehr unter die Haut, dass ich nicht mehr ein noch aus wusste.

Dementsprechend angegriffen war meine Gesundheit, als ich Staatsminister Dr. Hans Eisenmann nochmals um Versetzung bat, denn ich konnte es in meinem mir einst so lieben Revier fast nicht mehr aushalten. Endlich bekam ich von ihm persönlich die Mitteilung, dass ich an das Forstamt Ebersberg versetzt werde. Auch dieses Schreiben darf ich der Vollständigkeit und auch der Wahrheit halber hier wiedergeben.

„Sehr geehrter Herr Esterl – Ich freue mich, Ihnen mitteilen zu können, dass sich die Möglichkeit bietet, Sie Ihrem Wunsch entsprechend, beim Forstamt Ebersberg zu verwenden. Die Einzelheiten werden von der Oberforstdirektion München geregelt. Die Ortsveränderung wird sich – so hoffe ich – auf Ihren Gesundheitszustand positiv auswirken."

Ich überlasse es dem geneigten Leser, sich hier ein Urteil zu bilden. Die Behauptung, ich sei strafversetzt worden, ist eine üble Nachrede, ja eine Verleumdung.

Mit tränenden Augen fuhr ich, nochmals einen Blick zu den Heimatbergen zurückwerfend, am 2. Juni nach Ebersberg. Es kann sich kaum einer vorstellen, wie mir zumute war, als ich das Revier Spitzingsee – und ich betone, meinem Wunsch entsprechend – verließ und den geliebten Bergen den Rücken kehrte. Noch einmal machte ich mehrere ausgiebige Pirschgänge und sagte meinem mit so viel Idealismus und Entbehrungen aufgebautem Revier „Pfia Gott". Für meine Frau und für mich war es ein äußerst schmerzlicher Augenblick, als wir vom

Es gab nur einen Weg: Ich bat um Versetzung aus meinem lieb gewonnen Revier.

Vom Berg ins Flachland war eine große Umstellung.

Hochleger, den ich vor dem Verfall gerettet hatte, unsere Sachen herunterholen und zum letzten Mal den schmalen Steig abstiegen. Wir schämten uns unserer Tränen nicht. Es waren schmerzliche Augenblicke, als ich unter der Haustür meine in Tränen aufgelöste Frau in die Arme nahm und dann einen neuen Lebensweg beschreiten musste. Es blieb mir keine andere Wahl, ich musste so handeln und ich würde wieder so handeln. Mir tat im Besonderen mein geliebtes Wild leid, denn nach mir herrschten unglaublich barbarische Jagdmethoden. Was über das Wild, besonders die Gams hereinbrach, ist mit Worten kaum mehr zu fassen. Bei einer Bewegungsjagd, gegen eine waidgerechte Jagdausübung habe und hatte ich noch nie etwas einzuwenden, wurde bei ca. 80 cm Schneehöhe, ein großes Gamsscharl fast völlig aufgerieben. Am Abend lagen auf der Strecke 63 Gams, darunter 32 Gamsgeißen und nur 13 Gamskitz. Es kann mir einer vorbeten, dass nur führungslose Gamsgeißen erlegt wurden, ich glaube es einfach nicht. Dieses Märchen kann er demjenigen erzählen, der von der Bejagung vom Gamswild nichts versteht, oder demjenigen, der die Hose mit der Beißzange anzieht. Hier wurden die Geißen den Kitzen weggeschossen und viele Gamskinder zu Waisen gemacht. Was diese Waisenkinder mitmachen, ohne die nötige Führung durch das Muttertier, kann sich kaum einer vorstellen. In gnadenloser Art und Weise wurde die unschuldige Kreatur verfolgt und verteufelt. Immer wieder wurde mir von meinen Freunden über jagdliche Exzesse berichtet. Ich fragte mich auch immer wieder, wo ist hier die Politik? Wo sind hier die großspurigen Versprechungen, die ich des Öfteren von jagenden Politikern hörte? Es herrschte das „Große Schweigen", leider nur auf der politischen Ebene. Im Wald war der Büchsenschuss das einzige Mittel, um dem „Ungeziefer" Wild den Garaus zu machen. Ich ließ mich fast nir-

Ich konnte „mein Wild" nicht mehr beschützen, aber ich konnte die unangemessenen Methoden aufzeigen und dagegen vorgehen.

32 Gamsgeißen und nur 13 Kitze? Erfahrene Gamsjäger wissen, was das bedeutet.

Unkontrollierte Bejagungsmethoden fördern letztlich nur die Schäden am Wald.

Sind unsere Wildtiere wirklich nur „Ungeziefer"?

Wer Wildtiere nicht mit dem nötigen Respekt behandelt, dem muss ich das Recht absprechen, über ihr Leben richten zu dürfen.

gends mehr sehen, denn ich konnte es nicht ertragen, wenn mir berichtet wurde, wie mit der Kreatur umgegangen wurde. Wer einen starken Hirsch nach der Erlegung mit Füßen tritt und sich zu der Bemerkung: „Aus dem machen wir Knöpfe", hinreißen lässt, dem sollte die Jagdleitung unverzüglich entzogen werden.

Auch an einen Fall von besonders makabrer Art und Vorgehensweise kann ich mich noch erinnern.

Ein Jäger aus meiner Heimat Bad Wiessee betreute auf seinem Bergbauernhof auch eine gut angenommene Rot- und Rehwildfütterung und er kannte „seine Hirsche", wie er in liebevoller Art sein Wild betitelte. Dabei war ein alter Hirsch, der einfach nicht vorwärts kam. Er trug immer das gleiche Geweih und war der klassische „2B Hirsch". Als mich der Hans dann eines Tages fragte, der Hirsch stand nur im Winter an der „vollen Schüssel", was er denn machen solle, war mein Kommentar: „Schieß ihn, der wird einfach nicht besser, der passt." Und der Hans, ein ausgesprochen braver und waidgerechter Jäger, wie man selten einen findet, erlegte, weit weg von seiner Hoffütterung, den Hirsch. Und, oh Schande, das Geweihgewicht lag 150 Gramm über dem Limit. Aus dieser Erlegung, es war in meinen Augen aber der blanke Neid, wurde dem Hans ein Strick gedreht und man entzog ihm für ein Jahr den Jagdschein. Vor dem Gesetz sind wir zwar alle gleich, doch manche sind einfach gleicher.

Man verliert den Glauben an den Rechtsstaat, wenn dem Jäger, der sich um 150 Gramm Trophäengewicht verschätzt hat, der Jagdschein für ein Jahr entzogen wird, dem Forstbeamten, der einen Steinbock (strengstens geschützt) mit einem Schmalspießer verwechselt, aber nur ein halbes Jahr.

Wie lässt es sich erklären, dass man einem Forstmann, der einen Steinbock, ein strengstens geschütztes Tier erlegte, weil er glaubte, einen Schmalspießer vor sich zu haben, den Jagdschein ein halbes Jahr entzieht, während ein einfacher Bergbauer, der auch in der Notzeit dem Wild beistand und in gutem Glauben handelte, den Jagdschein ein Jahr lang verliert? Oh, Sancta Justitia!

166

Wie treffend hört sich die Arie des Florestan aus Ludwig van Beethovens Oper Fidelio an:

„Wahrheit wagt ich kühn zu sagen und die Ketten sind mein Lohn, willig duld ich alle Leiden, endet schmählich meine Bahn. Süßer Trost in meinem Herzen, meine Pflicht hab ich getan."

In Ketten wurde ich nicht gelegt, aber was man mir ob meines Eintretens für mein Wild angetan hat, ist nicht weit von den Ketten entfernt. Wenn der Normalbürger wissen würde, wie mit seinen Steuergeldern umgegangen wurde, wie sich hohe Forstfunktionäre am Abschuss von starken Trophäenträgern selbst bedienten, es würden ihm die Augen übergehen. Die heutige Forstpartie muss unter der damaligen maßlosen Selbstbedienung nur einiger weniger Forstleute arg leiden. Ich werde nicht müde, dies klar und deutlich zu sagen bzw. zu Papier zu bringen: Es handelte sich dabei um eine Minderheit und sowohl in der letzten als auch in der jetzigen Forstgeneration habe ich fürwahr große Idealisten kennengelernt. Dass man nun fleißigen und idealistischen Forstmännern keinen Hirsch der Klasse 1 zum Abschuss freigibt, obwohl sie wahnsinnig große Reviere und Forstbehörden führen, ist für mich nicht nachvollziehbar, aber wieder so typisch „Deutsch".

Bei den Hegeschauen hängt an den Trophäen immer ein Begleitzettel mit dem Namen des Erlegers. Warum, so frage nicht nur ich mich, sondern viele Jäger, wird hier nicht mehr der Namen des Erlegers eingetragen, sondern nur eine Nummer? Sind die Erleger eine Nummer oder sind sie zu feige dazu, sich zur Erlegung zu bekennen? Wie ich ganz genau weiß, waren hier einige Staatsdiener, welche die Büchse führten und nicht genannt werden wollten oder durften, diejenigen, die den Hirsch, Gamsbock, Keiler oder Rehbock ins Jenseits befördert haben.

Ist es vor dem Steuerzahler zu verantworten, dass sich Forstbeamte regelmäßig starke Trophäenträger „gönnen", die für viel Geld auch an zahlende Jäger hätten verkauft werden können?

Ich habe eine Vielzahl von anständigen Forstleuten kennengelernt. Glücklicherweise waren und sind die „Unanständigen" in der Minderheit.

Zu seinem Abschuss muss man jederzeit stehen, auch wenn man einen Fehler gemacht hat.

Wenn ich der Erleger bin, dann habe ich nichts zu verbergen, ja dann stehe ich dazu. Den Trophäenträger, der durch meine Kugel fiel, habe ich mir weiß Gott durch unzählige Überstunden und Entbehrungen verdient. Ich war stets für mein Wild da und ich war gerne bereit, mich des Öfteren gewaltig zu schinden. Es gab Monate, da kam ich keinen einzigen Tag aus den Bergschuhen und die Heugabel ist mir fast in die Hände gewachsen, und trotzdem war ich glücklich, wenn ich wusste, dass mein Wild versorgt war.

Doch zurück zu meiner Versetzung in den Ebersberger Forst, denn wo ein Schaden, da auch ein Nutzen oder Glück. Forstdirektor Franz Hohenthaner, auch ein Kind der Berge und mein neuer Chef, fing mich auf. Am Eingang zum Ebersberger Forst steht ein kleines nettes Jagdhäusl und hier durfte ich einziehen. Nochmals spuckte ich in die Hände, krempelte die Ärmel hoch und begann wieder von vorne.

Das Jagahäusl im Ebersberger Forst. Eine neue berufliche Heimat.

168

Natürlich fehlten mir die Gams, wegen diesem stolzen Wild hatte ich alles riskiert, und obwohl ich im Recht war, biss ich in den sauren Apfel. Allerdings wurde mir ein wunderschönes und wildreiches Revier zugeteilt. Statt der Gams hatte ich Muffelwild, viel Sauen, Rotwild und reichlich Rehwild. Im Laufe von mehreren Jahren – es stimmt, dass die Zeit alle Wunden heilt – konnte ich die Laubweghütte zu einem wunderschönen Domizil ausbauen. Als dann eine größere Kühlzelle am „Jagahäusl", eine WC-Anlage und noch ein kleiner Schuppen angebaut wurden, das meiste machte ich ja selbst, konnte ich doch wieder einigermaßen zufrieden in die Zukunft schauen. Im Nachhinein muss ich heute gestehen, dass es der Herrgott, trotz schmerzlichem Verlust meiner Bergjagd, doch gut mit mir gemeint hat.

Am Balkon der Hütte blühten Geranien, vor der Hütte plätscherte ein Hüttenbrunnen und in der Hütte krachten dann die Holzscheite im Kachelofen. Mein neues Zuhause war nun halt der „Niederleger".

Eines Tages kam dann, zu meinem Erstaunen die Mitteilung, dass ich zum Wildmeister ernannt wurde. Die politische Seite hatte erkannt, welches Unrecht mir angetan worden war.

Der neue Chef im Forstamt Schliersee: Stephan Pratsch mit Tiroler Bracke Arko vom Geiersberg. Es gibt sie also noch, die anständigen und vernünftigen in der grünen Zunft.

Zum Abschluss möchte ich noch gerne einiger besonderen Menschen gedenken, die sich stets um unser Wild verdient gemacht haben und zu den weidgerechtesten Jägern und vor allem Hegern gehören, die ich kenne.

Da Wegscheider Toni

Am Forstamt Schliersee-Fischbachau hatten wir einen hochpassionierten und sehr erfahrenen Büroleiter. Einige Leser werden sich fragen, warum dieser äußerst jagdlich begeisterte Waidmann sich den Sessel eines Büroleiters ausgesucht hatte und nicht im Revierdienst tätig war. Das Schicksal hatte beim Toni, wie er von uns Außendienstleuten liebevoll und mit großem Respekt genannt wurde, auf brutalste Art zugeschlagen. Im Zweiten Weltkrieg hatte der Toni eine Unterschenkelamputation über sich ergehen lassen müssen, so dass er, er war ausgebildeter Berufsjäger, die Tätigkeiten im Revierdienst nicht mehr ausüben konnte. Und trotzdem ging er mit Leidenschaft und enormen jagdlichen Sachverstand der „Jagerei" nach. Der Toni war auch begeisterter Dackelführer und Züchter der raubauzigen Jagdhunde. Außerdem war er auch ein exzellenter Skifahrer. Wenn man es nicht wusste, dass er eine Unterschenkelprothese tragen musste, dann hätte man geglaubt, er hat sich halt beim „Jagern" den „Haxn" verstaucht. Mit seinem Freund, dem Oberförster Sepp Pötzinger, ging er mal zum Skifahren und baute dabei einen sauberen Sturz, so dass „da künstliche Hax" auseinanderbrach. Man suchte die Bergwachthütte auf, besorgte sich dort ein Stück Blech und mit Schrauben und Nieten wurde der Schaden an der Prothese behoben und weitergefahren, als ob es die selbstverständlichste Sache der Welt sei.

Mehrmals holte er mich, wenn es nicht mehr weiter ging, seinen Dackeln waren halt bei höherem Schnee einfach Grenzen gesetzt, zu Nachsuchen mit meinen BGS, den Hellas oder der Drixie. Immer wieder sprang er auch bei Jagdgastführungen helfend ein oder er sagte uns bestätigtes Wild, Hirsch, Gamsbock oder einen verschwiegen lebenden Rehbock, genauestens an. Der Toni verstand einfach sehr viel von der „Jagerei". Am damaligen Forstamt Schliersee-Fischbachau bezeichneten wir, das Außendienstpersonal, den Toni als den „heimlichen Jagdleiter" und wir sind dabei gut gefahren. Wie oft griff er bei dienstlichen Auseinandersetzungen in seiner weisen und ruhigen Art helfend und schlichtend ein. Wie oft nahm er angehende Jungjäger oder Jäger, die von der Bejagung des Hochwildes nichts oder nicht viel verstanden, mit zum „Jagern" und erklärte ihnen in seiner niemals schulmeisterlich wirkenden Art, Zusammenhänge und das Ansprechen des Wildes. Wie viele Jungjäger erlegten unter seiner fürsorglichen Art ihr erstes Stück Hochwild, und es passte. Alles in allem, wir verehrten und achteten den Toni.

Wenn es die Zeit erlaubte, dann war er sich nicht zu schade, mir beim Versorgen der Fütterungen zu helfen. Wie oft ist er trotz seiner Behinderung bis zum Bauch im Schnee gewatet, um dem Wild auch in der Notzeit beizustehen. Es machte ihn richtig glücklich, wenn er sah, wie es dem Wild, seinem Wild, wie er es immer wieder ausdrückte, schmeckte.

Es war für uns alle sehr schwer, als wir den alten Toni, er durfte seinen Ruhestand nicht lange genießen, auf dem Friedhof in Bayrischzell zur letzten Ruhe geleiteten.

In Gedanken sprach ich für mich, gewidmet dem großartigen Waidmann und Heger, Toni Wegscheider, einen wunderbaren Vers, den kein Geringerer als der jagende Baron, Ludwig

Benedikt Freiherr von Cramer-Klett, einstens einem seiner treuen Berufsjäger, den er aus unwürdigen und meuchelnden Pratzen befreite, als „Marterl" aufzeichnete:

„Du hast es verheißen so schön,

dem Knecht den Du wachend wirst finden

Du wolltest bei Dir ihn erhöhn

Gott Vater, vergiss meine Sünden.

Und schenk Dein Erbarmen mir bald,

weil, als Du mich riefst in der Stunden,

auch Deine Geschöpfe im Wald

bei mir ein Erbarmen gefunden.

Wir haben einen feinen und edlen Waidmann, einen unermüdlichen Heger und auch Streiter für die uns anvertraute Kreatur verloren und wir übergaben ihn hoffnungsvoll der Heimaterde.

Wie es in einer echt oberbayerischen Familie gewünscht war, bekam der Toni einen Sohn auch mit dem Namen Toni. Dieser geriet in den jagerischen Sog seines Vaters und entwickelte sich, wie erhofft, auch zu einem Jäger, natürlich vom „alten Toni" bestens jagdlich erzogen. Der junge Toni trat in der jagdlichen Ausbildung in die großen Fußstapfen des Vaters. Seine Kindheit verbrachte der „Junior" im Bergdorf unter dem Wendelstein, im legendären Bayrischzell. Er war ein echtes Kind der Berge, aufgeweckt und zu allerlei Späßen immer zu haben. Nach der schulischen Ausbildung, der Grundschule, hier waren immer mehrere Klassen in einem Schulraum, ging der talentierte Bub auf das Gymnasium am Domberg in Freising, baute das Abitur und studierte dann „auf Lehrer". Nach der Referendarzeit wurde er Lehrer an der Volksschule in seiner Heimatgemeinde Bayrischzell. Nun bot sich dem Toni die Möglichkeit, auch in den Bergen von Bayrischzell zum „Jagern" zu gehen. Gerade wegen seines offenen und vor allem ehrlichen Charakters wurde der Toni in mehrere Gremien berufen bzw. gewählt. Überall konnte man ihn gebrauchen, ja er wurde auch in den Gemeinderat gewählt und erhob dort viele Jahre, wirklich zum Wohle der Bayrischzeller Bürger, seine Stimme. Wie es sich für eine dörfliche Gemeinschaft gehört, war er Mitglied in vielen Vereinen, sowohl beim Skiclub als bei den Gebirgsschützen, beim Fußballverein wie auch beim Schützen- und Trachtenverein. Seine Zeit war dann gekommen, der Toni wurde Rektor an der Volksschule Bayrischzell. Von allen Schülern verehrt und geliebt, unterrichtete er die Bauernkinder und auch die „Zuagroasten" (Zugezogenen) in allen Fächern. Wie sein Vater, auch ein hervorragender Skifahrer, lehrte er seinen Dorfkindern, das Fahren im „g'fürigen Schnee". Jede Woche mindestens einmal konnte man den Toni zusammen mit seinem Freund und Jagdkameraden, dem Eirenschmalz Franz, Spitzname „da Oarä", am Sudelfeld mit einer Kinderschar beim rasanten Abfahren der Pisten erleben. Der gute Toni hatte nur eine größere Schwäche, und zwar seine sprichwörtlich bekannte Vergesslichkeit.

Da der Toni kaum eine Gelegenheit hatte, auf Schwarzwild zu jagern, konnte ich meinen Jagdkameraden in den Ebersberger Forst zum „Saujagern" einladen. Zusammen mit dem „Oarä" hatte er sich zu einem Ansitz auf Frischling und Überläufer angesagt. Der Toni rauschte mit seinem Vehikel zum „Oarä" nach Neuhaus. Dann fuhren die zwei Jagd- und Sportkameraden weiter zu mir nach Anzing. Mit großer Freude begrüßte ich meine Freunde und dann wollten wir ausrücken. Nun nahm das Schicksal seinen Lauf. „Du Oarä, hast du mei

Bix eingladen, i hab die nämlich bei dir daheim ans Hauseck hinglehnt?" Der Franz konnte nur verneinen. Ziemlich bedeppert schaute der Toni nun drein. Natürlich spannte ich den „Schuilehra" etwas auf die Folter, als er mich nach einem Ersatz fragte. Ich hatte vorsorglich im kleinen Tresor meiner Jagdhütte eine Reservewaffe deponiert und mit einer Hand voll Patronen konnte „da Toni" dann doch noch ausrücken und einen Frischling erlegen. Es verging, wenn die zwei Kameraden zum „Saujagern" kamen, kaum eine Möglichkeit, wo unser Schullehrer nicht etwas vergaß. Mal das Jagdglas, mal den Rucksack, mal die Patronen. Ich konnte ihm aber immer aus der Patsche helfen, denn ich schoss die gleiche Patrone wie er mit der gleichen Laborierung und halte immer ein Reserveglas auf der Hütte.

An einem Samstagvormittag wurde der Toni zum Dorfmetzger geschickt, um den sonntäglichen Schweinebraten zu holen. Seine Dackeline Drixie watschelte mit dem Herrle durch das Dorf zum Metzger Linderer. Wie es sich für einen anständigen Jagdhund gehört, wurde die Drixie vor dem „Metzgerladl" an einem extra eingelassenen Haken angehängt. Der Toni kaufte folgsam die Wurst und den Schweinsbraten ein, sicherlich lief ihm dabei schon das Wasser im „Äser" zusammen. Im Jagdrucksack wurde alles verstaut und dann ging es mit „Pfiad Eich" dem heimischen Herd zu. Wahrscheinlich hatte er wieder etwas vergessen, denn er wurde nach drei Stunden nochmals ins Dorf geschickt. Als er an der Metzgerei vorbeimarschierte, bewunderte er den „scheena Dackl der vor der Metzgerei angebandlt war. „Mei is des a schöns Hundl, der schaut grad aus wie mei Drixie", bemerkte der Dackelfreund. Zu Hause erzählte er seiner Frau „vo dem scheena Dackl, der grad ausschaut wie die Drixie". Seine Frau fragte dann ihr Ehegespons, wo denn die Drixie eigentlich sei? Natürlich wurde nach ihr gepfiffen und gerufen, aber so weit drangen dann die suchenden Pfiffe und Rufe nicht. „Ja wo is denn des Sauviech des miserablige bloß wieda?" Da auf einmal fiel dem „Schuilehra" erst ein, dass er die Drixie ja am Haken vorm „Metzgerladl" angehängt hatte und diese ihr Herrle schwanzwedelnd begrüßt hatte. Diese Episode machte natürlich im Bergdorf ihre Runde und „da Toni" musste manche spöttische Bemerkung über sich ergehen lassen. Dabei lachte er selbst am meisten über sich.

Die Bayrischzeller Grundbesitzer, d. h. die Bauern, hatten ihre Jagden an großzügige und auch reiche Jagdherren verpachtet. Bei jedem Jagdbogen wurde ein Berufsjäger angestellt, denn die Reviere waren meistens an die 1500 bis 2000 ha groß und es musste ein größerer Abschuss an Rot-, Gams- und Rehwild getätigt werden. Ein großzügiger Jagdherr aus Würzburg hatte das größte, aber auch steilste Revier gepachtet. Herr Erk stellte für einheimische Jäger auch Begehungsscheine aus, damit sie dem Wildmeister Waldemar Ziegler bei der Abschusserfüllung behilflich sein konnten. Dem Toni wurde als Pirschbezirk der Seeberg zugewiesen. Der Seeberg war zwar sehr wildreich, dafür aber auch sausteil. Bei Nachsuchen habe ich diesen Sau- oder Felsbuckel des Öfteren verflucht. Von irrsinnigen Wildhassern wurde auf einmal beschlossen, dass der Seeberg sofort vom „Ungeziefer Gams" befreit werden müsse. Der Toni stieg in den Seeberg ein und mit bedächtigen Schritten rauf zu „de Gams". Vor ihm im Bergwald äste ein einzelner Gamsbock. „Totalabschuss" ging ihm durch den Kopf. Er glaubte nichts Besonderes vor sich zu haben und ließ es tuschen. Nach einer müden Flucht brach der Bock zusammen und blieb in einer Mulde liegen. Sichtlich erfreut stieg der Toni zu seiner Beute auf. Je näher er dem Gamsbock kam, desto größer und stärker wurde die Kruck'n. Er hielt bald darauf das Haupt eines kapitalen Gamsbocks in den Händen. Dabei wurde ihm aber dann schön mulmig. „Jetz koo i ihn a nimma lebendig macha", waren die Gedanken des Erlegers. Er stieg vom Berg und verständigte den Wildmeister. Beim Anblick der kapitalen Krucke sprang der treue „Wildmoasta" natürlich im Viereck. „Ja bist denn du narrisch wordn? Ja du spinnst wohl. Des is doch a Bock furn Jagdherrn und net für di." Mehrere dementsprechende Bemerkungen ließ der Wildmeister noch auf den etwas kleiner gewordenen Toni niederprasseln. „Den Bock musst du bezahlen." Sichtlich niedergedrückt zog der Toni, er dachte dabei sicherlich an den schmalen Geldbeutel eines „Schuilehra" mit dem abgeschärftem Haupt nach Hause.

Daheim sägte er die Krücke zum Auskochen zu, aber dermaßen krumm, dass sie aussah wie eine verbeulte schiefe Baskenmütze. Das brachte dem Toni natürlich den nächsten wildmeisterlichen Anschiss.

Der Jagdherr hatte sich angesagt und man traf sich im legendären Kaminstüberl. Kleinlaut schlich der Toni ins gemütliche Lokal, wo der Jagdherr schon seiner wartete. „Für den Seeberg ist Totalabschuss angeordnet und das gilt auch für den Toni, der Bock kostet nichts – Waidmannsheil."

Der Wirt der Kaminstube, der Kornprobst Peter, ein Musikant und ein Original und auch leidenschaftlicher Jäger, konnte beim Anblick der krummnasigen Krücke sich vor Lachen fast nicht mehr zurückhalten. Diesem Spitzbuben fiel natürlich sofort wieder eine Originalität ein. Der Toni bekam sogleich einen neuen Namen. Er heißt jetzt nicht mehr Wegscheider – sondern Wegschneider. Auch diese Episode machte im „jagerischen Landkreis" ihre Runde.

Ludwig Pichler – da Wiggerl

Ja, es gibt schon interessante Typen unter der kleinen Schar der Berufsjäger. Dass die Berufsjäger die Elite der Jäger sind, ist manchem Waidmann nicht leicht zu vermitteln. Die normalen Jäger, und ich habe hier hervorragende Waidmänner kennengelernt, müssen es einfach einsehen, dass der Berufsjäger eben ein Profi ist. Sie machen die „Jagerei" nicht so nebenher, sondern, wie der Name schon sagt, es ist ihr Beruf.

Gerade aber unter den Berufsjägern habe ich, ich bin ja selbst einer aus der Kaste der Berufsjäger, grundverschiedene Typen kennengelernt. Während der eine redselig, ja man kann sagen sehr mitteilsam ist, begegnen wir auf der anderen Seite dem eher verschwiegenen und auch zurückhaltendem Typ.

Genau so war Ludwig Pichler, von seinen Berufskollegen nur kurz „da Wiggerl" genannt. Aber trotz seiner schweigsamen Art, ja seiner Zurückhaltung Fremden gegenüber, war er seinen Berufskollegen gegenüber stets ausgesprochen mitteilsam und äußerst liebenswürdig. Ja, er war ein lebenslustiger und ausgesprochen angenehmer Gesprächspartner.

Wie sagte sein von uns allen so sehr geschätzter Jagdherr, und hier ist das Wort Herr mehr als angebracht, S.K.H. Herzog Ludwig Wilhelm in Bayern, über seinen Berufsjäger, den Wiggerl: „Er ist ein Berufsjäger, ein Jaga, wie man sich einen wünscht."

Anlässlich einer Verbandssitzung drückte ein hoher Funktionär sich so aus. „Ich weiß nicht, ist der Wiggerl der Herzog oder umgekehrt."

Eine königliche Gestalt und ein königliches Auftreten, gepaart mit enormem Wissen und einer fürsorgliche Ausstrahlung.

Herzog Ludwig Wilhelm in Bayern wusste schon, warum er den Wiggerl, einen markanten Steirer, in sein königliches Revier ins Kreuther Tal holte.

Gerade wir Berufsjäger, heute kann oder muss ich sagen, wir Alten, wurden nach der herzoglichen Methode ausgebildet, und das hat sich weiß Gott bewährt.

Eines muss ich hier noch einfügen. Zwischen den Steirischen und den Bayerischen Berufsjägern besteht seit alters her ein leichtes Konkurrenzdenken. Und Konkurrenz belebt ja bekanntlich das Geschäft. „Im Jodeln sind's die Steiermärker, beim Jagern sind die Bayern stärker." Aber zur Schande der Bayern muss hier vermerkt werden, der Wiggerl heiratete eine bildhübsche Tirolerin, die auch im Jagdhaus des Bayernherzogs als guter Geist Dienst machte.

Lassen Sie mich nun eintreten in das Leben des Revierjägers Ludwig Pichler, von uns mit großer Hochachtung „da Wiggerl" genannt.

Er stammte als Erstgeborener von einem Bauernhof in Eisenerz ab. Hart sind damals die Kinder aufgewachsen. Der tägliche Schulweg, es waren einfach „nur" sieben Kilometer, musste im Winter mit den Skiern bewältigt werden.

Zu seiner Freude, ja des einen Freud kann des anderen Leid sein, kam er auf seinem langen Schulweg an einem Weiher vorbei und ab und zu, wenn die Luft rein war, hielt er an diesem fischgesegneten Wasser eine kurze Rast für angebracht. Dann konnte es schon passieren, dass er die Schule einfach vergaß und den täglichen Unterricht schwänzte. So wurde Wiggerl zu einem begnadeten Hand- bzw. Schwarzfischer und schon damals war ihm klar, dass er einmal einen Beruf, der mit Natur, Wald und Wild zu tun hat, ergreifen würde.

Er beschloss Berufsjäger zu werden und bestand nach erfolgreicher Ausbildungszeit die Berufsjägerprüfung mit der Note „Gut", nur bei dem Fach Jagdhornblasen musste er eine „Fünf" in Kauf nehmen, dieses Fach war zeitlebens nicht seine Stärke. „Zu was muaßi am Berg a so an Radau macha", war sein ganzer Kommentar.

Trotz einer guten Berufsjägerprüfung – ein Berufsjäger hat bei Antritt seines Dienstes das Gelübde der ewigen Armut abzulegen – ging er zum Geldverdienen zwei Jahre ins Erzbergwerk.

Als sein früherer Ausbilder schwer erkrankte, musste der Wiggerl zur Führung von Jagdgästen einspringen. Das Schicksal wollte es, dass er dabei Graf Törring kennenlernte. Graf Törrings Onkel war SKH Herzog Ludwig Wilhelm in Bayern und der erfuhr dann von den außerordentlichen Fähigkeiten des Revierjägers Ludwig Pichler. Er holte den Wiggerl nach Oberbayern und vertraute ihm die königlichen Reviere an, und zwar zur vollsten Zufriedenheit.

Und hier im Kreuther Winkl spielte wiederum das Schicksal, allerdings in liebenswürdiger Art eine entscheidende Rolle. Hier lernte er seine spätere Frau, die „Friedl", kennen. Es war für beide jungen Leute die große Liebe. Im Jahre 1957 läuteten die Hochzeitsglocken. Der Wiggerl führte seine Friedl zum Traualtar. Aus dieser glücklichen, ja man kann sagen Liebesverbindung entstammen die Töchter Christl und Bärbl.

Eine große Zahl von Lehrlingen, heute sagt man dazu „Auszubildende", ein Zungenbrecher, ging durch seine Hände. Hier lernten sie

„sauberes, d. h. waidgerechtes Jagern", Pünktlichkeit Gewissenhaftigkeit und Anstand. Der Wiggerl führte ein Musterrevier.

Seine ganze Liebe galt der Natur und ihren Gewalten. Besonders die Adler, diese Jäger der Lüfte, standen ihm sehr nahe.

Wenn man den Wiggerl traf, hatte er stets ein verschmitztes Lächeln im Gesicht, dann trug er entweder einen verwetterten Jagdhut mit einem grobbürstigen Hirschbart oder bei besonderen Anlässen einen Adlerflaum.

1968 verstarb der Herr auf der Schanz, Herzog Ludwig Wilhelm in Bayern. Auf einem mit Tannenästen geschmückten Truhenwagen stand der mit der Bayerischen Rautenfahne geschmückte Sarg. Er wurde von vier Haflingern gezogen. Wie es einem alten Brauch entspricht, gingen hinter dem Sarg seine Berufsjäger und das Dienstpersonal. Nicht nur die Bevölkerung der näheren und weiteren Umgebung nahm Abschied vom Bayernherzog, wie er mit großem Respekt genannt wurde, sondern der Europäische Hochadel erwies SKH Herzog Ludwig Wilhelm in Bayern die letzte große Ehre.

Der Trauerzug führte von Kreuth zur Familiengruft nach Tegernsee.

Der Nachfolger von Herzog Ludwig Wilhelm, S.K.H. Herzog Max in Bayern, übernahm das königliche Revier und seine Berufsjäger.

Ludwig Pichler stand weiterhin in den Diensten des Bayr. Königshauses, insgesamt 57 Jahre – eine lange Zeit.

Viele honorige und auch einfache Jäger führte er auf Hirsch, Gams oder Rehbock, auf Großen und Kleinen Hahn und fast alle Waidmänner kamen bruchgeschmückt vom Berg. Wiggerl hatte die größte Freude, wenn seine Gäste erfolgreich jagern konnten. Vorbildlich versorgte er seine Fütterungen und jedes Stück

Wild war ihm ans Herz gewachsen. Als der Wiggerl nun in die Jahre kam, er war krank geworden, hatte er zur Unterstützung der schweren Revier- und Hegearbeit sich junge Burschen hergezogen, den Flori, den Lenzi und den Andi. Beim Wiggerl gab es das nicht, dass sein Wild unversorgt war.

Am 28. November 2009 läutete im Kreuther Tal die Sterbeglocke. Revierjäger Ludwig Pichler war zum Schöpfer zurückgekehrt. Sein letzter Hund, eine Dackeline, lag auf seiner Brust, als er zum Herrgott ging und die Friedl ihm das „Jagagwandl" für die letzte große Reise anzog.

Es war beeindruckend, als auf dem Sarg sein alter Jagdhut mit dem Hirschbart lag.

Vier gestandene Berufsjäger hielten dem Wiggerl die Totenwache und als der Sarg zu Grabe getragen wurde, geleitete die Jagamusi den Kollegen zur letzten Ruhestätte.

Mit dem Lied „Fahr ma Hoam", das beim Almabtrieb immer wieder musikalisch vorgetragen wird, übergaben die Berufsjäger, die auch den Sarg getragen hatten, den „Wiggerl" der Mutter Erde.

Genau in diesem Augenblick zog das Adlerpaar, das fast jedes Jahr in der Langenau horstete, mit einem Jungadler unmittelbar über dem Friedhof seine Schleifen, ehe sie wieder im ehemaligen Revier des Ludwig Pichlers, in der Langenau, hinter Wald, Fels und Latschen im weiten Äther verschwanden. Seine besonderen Schützlinge hatten sich von ihrem Betreuer und Jagdkameraden verabschiedet.

Konrad Esterl

Hie gut Waidwerk
– alle Wege

2. Auflage
Hardcover, 240 Seiten
Format 14,8 x 21 cm
ISBN 978-3-7888-0827-3

„Hie gut Waidwerk alle Wege" - Vortrefflicher lässt sich das Berufsleben von Wildmeister i. R. Konrad Esterl kaum in Worte fassen. Das Jagern auf Gams, Hirsch, Sau, Bock und Hahnen rund um seine so fürsorglich und gewissenhaft betreuten bayrischen Staatsjagdreviere steht im Mittelpunkt dieses Buches. Einfühlsame Naturschilderungen seiner urwüchsigen bayrischen Heimat verbindet Esterl mit dem kompromisslosen Eintreten für „sein" Wild, welches er – manchmal auch vergeblich – vor grellgrüner Ideologie oder merkwürdigen Waidgesellen zu schützen sucht. Oft bleibt ihm nur noch die Nachsuche mit seinen exzellenten BGS-Hunden, um wenigstens jetzt noch dem Wild die Ehre zu erweisen, waidmännisch und schnell erlöst zu werden. Mit umso größerer Freude nimmt man sogleich an jenen Erlebnissen teil, in denen die Mehrheit der Jägerschaft mit wohlüberlegtem und verantwortungsvollem Handeln der waidgerechten Jagd nachgeht. Mal nachdenklich, mal tragisch, dann aber wieder humorvoll und voller bayrischer Lebenslust – so erlebt der Leser spannende Jagden, dramatische Nachsuchen, lustige Originale und immer wieder die unberührte Natur am Berg, deren Bewahrung dem Verfasser so am Herzen liegt.

© René G. Phillips

www.Neumann-Neudamm.de

Konrad Esterl

Frisch auf die Jagd hinaus

2. Auflage
Hardcover, 192 Seiten, zahlr. Abb.
Format 14,8 x 21 cm
ISBN 978-3-7888-1030-6

„Aller guten Dinge sind drei!", kann man auch hier mit Recht sagen, denn KONRAD ESTERL legt nach dem großen Erfolg seiner Bücher „Das Jagen, das ist halt mein Leben" und „Hie gut Waidwerk alle Wege" mit „Frisch auf die Jagd hinaus" seinen dritten Erzählband vor. Eines der schönsten Jagdlieder beginnt mit dieser Zeile und ist danach benannt. Mit wenigen Worten beschreibt dieses Lied treffend, was den Reiz der Jagd ausmacht und die Jäger stets aufs Neue bewegt. Was lag für den musisch begabten Autor, Sänger und Musikanten, den gestandenen Waidmann und Wildmeister ESTERL näher, als dem bunten Reigen seiner faszinierenden Jagdgeschichten diesen Titel als Leitgedanken voranzustellen – ist er doch als Mensch und Jäger, nicht zuletzt durch sein Engagement für Jagd und Natur, jung geblieben! „Ein Jäger mit Leib und Seele, dessen Augen heute noch, nach vielen Jahrzehnten des Jagens, funkeln und dessen Herz höher schlägt, wenn er von der ‚Jagerei' spricht, erzählt oder schreibt ... Ein Jäger, der sein Handwerk versteht und für den der Begriff ‚waidgerecht' einen Charakterzug definiert und nicht nur ein Wort der Jägersprache ist ... Ein Jäger, der mit Rückgrat und Zivilcourage zur Jagd steht. Man muss seine Geschichten lesen, am besten noch ihn persönlich kennen und dann seine Geschichten lesen, dann weiß man, was ein richtiger ‚bayerischer Jäger' ist." – So Professor Dr. Lothar Zettler, einer der besten Freunde unseres Autors, im Vorwort zu diesem neuen Werk vom „Esterl Koni", wie er unterdessen nicht nur in seiner Heimat genannt wird. Frisch, herzhaft, humorig, nachdenklich und dabei äußerst sachkundig – ein „Esterl-Buch", wie man es kennt und schätzt!

Verlag J. Neumann-Neudamm AG
Schwalbenweg 1, 34212 Melsungen
Tel.: 0800 – 228 41 71
info@neumann-neudamm.de

Konrad Esterl

Wann I geh' auf die Pirsch

2. Auflage
Hardcover, 264 Seiten
Format 14,8 x 21 cm
ISBN 978-3-7888-1192-1

Über fünfzig Jahre geht Konrad Esterl nun schon zum „Jagern". Es war ihm vergönnt, große, herrliche Reviere zu betreuen. Sowohl im Flachland als auch im Hochgebirge durfte er die Jagd auf alles vorkommende Hoch- und Niederwild ausüben. Besonders in der „Kampfzone des Berges" übte die Jagd, die dort den ganzen Mann, eiserne Disziplin und Härte forderte, einen besonderen Reiz auf ihn aus. Unzählige Male nahm er den Schweißriemen in die Hand und hing mit seinen besten Jagdkameraden, den Bayerischen Gebirgsschweißhunden, der Wundfährte nach. Spannend schildert er, wie es war, dem Bail zu folgen, der aus irgendeinem Graben oder einer fast undurchdringlichen Dickung kam, den Fangschuss anzutragen und das Wild von seinen Leiden zu erlösen.

© René G. Phillips

Konrad Esterl / Heribert Sendlhofer

Ruf-, Lock- und Reizjagd

Hörbuch (Audio-CD)
47 Min. in DVD Box
ISBN 978-3-7888-1146-4

Audio CD

Ruf- Lock- und Reizjagd
mit Konrad Esterl
und Heribert Sendlhofer

Erfolgreiche Jagd und einzigartige Naturerlebnisse

NEUMANN-NEUDAMM

Konrad Esterl hat hunderte von Jägern als Pirschführer zum Erfolg geführt. In seiner sympathischen und kompetenten Art gibt er wichtige Tipps und Anregungen zur weidgerechten Jagd mit Hirschruf, Blattern und anderen Lockinstrumenten. Um bei der Ruf-, Lock- und Reizjagd erfolgreich zu sein, ist es wichtig, sich mit den Verhaltensweisen des Wildes vertraut zu machen. Auch hier lautet das Erfolgsrezept „Übung macht den Meister". Diese CD wird Ihnen helfen die einzelnen Lautäußerungen der verschiedenen Wildarten zu verstehen und damit mehr Anblick, noch schönere Erlebnisse und Jagderfolg zu haben. Auf dieser Hör-CD finden Sie, eingebettet in Naturbeschreibungen, die Lautäußerungen von Rothirsch, Reh, Schnepfe, Fuchs, Auerhahn, Schwarzwild, Birkhahn, Gams, Taube und Haselhahn. Musik: Schlierseer Hiatabuam Boarischer/Zithermusi Hornsteiner, Dinsltag/Zithermusi Hornsteiner, Frisch auf d'Jagd hinaus/Schlierseer Viergsang aus der CD „Jagern und Zither schlagn".

Verlag J. NEUMANN-NEUDAMM AG
Schwalbenweg 1, 34212 Melsungen
Tel.: 0800 – 228 41 71
info@neumann-neudamm.de

HERIBERT SENDLHOFER

Abenteuer Lockjagd – mit Konrad Esterl

DVD
Laufzeit ca. 40 Min.
ISBN 978-3-7888-1198-3

JANA - Vision präsentiert:
Abenteuer Lockjagd
mit Konrad Esterl
Ein Film von Heribert Sendlhofer
DVD
Ruf-, Lock- und Reizjagd in der Praxis
NEUMANN-NEUDAMM

Die Ruf-, Lock- und Reizjagd gilt für Wildmeister i.R. Konrad Esterl als die Krone der Jagd. Hier muss der Jäger sich in das Tier einfühlen - muss dessen nächste Schritte erahnen, die Lautäußerungen möglichst perfekt imitieren sowie ein umfassendes Wissen über Leben und Verhalten des Wildes besitzen. In diesem Film zeigt Konrad Esterl dem Zuschauer, wie man Rehwild erfolgreich blattet, den Hirsch ruft und auf den Fuchs reizt. Auch einen Keiler bringt er zum Zustehen und ahmt die Laute von Ringeltauber, Damhirsch, Hasel- und Auerhahn täuschend echt nach, um zu jagdlichem Erfolg oder einfach zu einem einmaligen Anblick zu gelangen. In wunderbaren Naturaufnahmen können wir das Verhalten des Wildes beobachten und hören die passenden Lockrufe Esterls dazu. Heribert Sendlhofer ergänzt fachkundig die leidenschaftlichen Ausführungen des Wildmeisters mit einigen Informationen zu gängigen Lockgeräten.

KONRAD ESTERL (HRSG.)

Jagern und Zither schlagn

Audio-CD
21 Lieder
ISBN 978-3-7888-1104-4

s´Jagern und s´Zitter schlagn

„Mei Zither is mei Freid, weils so schee klingt und s´Gamserl auf da Alm, weils lustig springt.

s´Jagern und s´Zither schlagn, s´Fensterln bei Ihr, konnst den was Schöners gebn, sigst so san mir.

Echte Jaga-Musik aus Mittenwald, Schliersee und Tegernsee.

Jagen und die echte Volksmusik sind untrennbar miteinander verbunden. Wer sich die Texte alter Lieder anschaut, wird schnell feststellen, dass die Jagd nicht aus dem Leben der einfachen Leute wegzudenken war. Und die daraus entstandene Musik hat nicht nur große Komponisten wie Mozart inspiriert, selbst Opern wie Carl Maria von Webers „Freischütz" handeln von der Jagd.

Was liegt also näher, als drei bekannte Jagd- und Volksmusik-Ensembles auf einer CD zusammenwirken zu lassen. Die „Kreuther Jagamusi", die „Hornsteiner Zithermusi" und natürlich der „Schlierseer Viergsang" sorgen für höchsten musikalischen Genuss.

Aufgenommen wurde das Ganze von dem Experten für Volksmusik, Karl Bogner, in dessen Tegernseer Studio.

Verlag J. NEUMANN-NEUDAMM AG
Schwalbenweg 1, 34212 Melsungen
Tel.: 0800 – 228 41 71
info@neumann-neudamm.de

HERIBERT SENDLHOFER
Jagdliche Impressionen

inkl. DVD
Hardcover, 224 Seiten
Format 16,8 x 23,5 cm
ISBN 978-3-7888-1207-2

Jagdliche Impressionen
HERIBERT SENDLHOFER

Erzählung

NEUMANN-NEUDAMM

Das traute Revier daheim in den Bergen und die bodenständige Jagd im Jahresverlauf. Heribert Sendlhofer zeigt in seinem Traumrevier Zwenberg in Kärnten, wie vielfältig die Jagd im Alpenraum ist.

Natürlich nehmen die Gams und der Berghirsch einen gebührenden Platz im jagdlichen Leben des Autors ein, doch auch die Jagd auf Raufußhühner, Murmel und Rehbock spielen eine wichtige Rolle.

Der bunte Reigen seiner Erzählungen, die er für dieses Buch ausgewählt hat, wird ergänzt durch spannende Jagderlebnisse auf Federwild, Schwarzwild oder Bezoarsteinbock.

Die Erlebnisse des Autors, die mal nachdenklich machen, mal abenteuerlich spannend sind, und in denen immer der gerechte Sinn Sendlhofers für Wild und Weidwerk mitschwingt, werden illustriert durch viele Farbfotos, die Lust auf das Abenteuer Bergjagd machen.

© René G. Phillips

WWW.NEUMANN-NEUDAMM.DE

WILHELM KIESSLING

Das Schwarzwild und seine Jagd

Hardcover, 400 Seiten, zahlr. Abb.,
Format 16,8 x 23,5 cm
ISBN 978-3-7888-1401-4

Das vorliegende Buch war seinerzeit die bekannteste und berühmteste Monografie über unser heimisches Schwarzwild.

Wie unsere Vorfahren mit dem „Schwarzwildproblem" umgingen, vor welchen Herausforderungen sie standen und welche Schlüsse sie zogen, wird in diesem Buch deutlich. Auch der heutige Jäger wird vieles über unsere Sauen lernen. Das Schönste aber sind die zahlreichen atemberaubend guten Skizzen, Zeichnungen und Gemälde, die das Werk zu einem einmaligen Leckerbissen machen.

Verlag J. NEUMANN-NEUDAMM AG
Schwalbenweg 1, 34212 Melsungen
Tel.: 0800 – 228 41 71
info@neumann-neudamm.de

BERTRAM GRAF QUADT

Was wär denn um's Leben ohne Jagen

Hardcover, 288 Seiten, zahlr. Abb., Format
13,2 x 21 cm
ISBN 978-3-7888-1336-9

„Was wär denn um's Leben ohne Jagen?" Diese Zeile aus einem alten bayerischen Volks-lied bringt die inzwischen rund 26-jährige Jagdleidenschaft des Autors auf den Punkt. Ob auf Rehböcke im württembergischen Allgäu oder den westenglischen Cotswolds, auf Sauen in Spanien oder dem niederösterreichischen Weinviertel, auf Fasan oder Huhn, Großen oder Kleinen Hahn: In jeder seiner von jagdlicher Faszination geprägten Erzäh-lungen ist die Achtung vor Natur und Kreatur, vor Mitgeschöpf und Schöpfung spürbar und erlebbar.

© René G. Phillips

BERTRAM GRAF QUADT

Wie lob' ich mir die drei: Wald, Wild und Jagerei!

Mit Illustrationen von René G. Phillips

Hardcover, 352 Seiten
Format 16,8 x 23,5 cm
ISBN 978-3-7888-1405-2

BERTRAM GRAF QUADT
Wie lob' ich mir die drei:
Wald, Wild und
Jagerei!

Illustriert von René G. Phillips

NEUMANN-NEUDAMM

Lange hat kein Jagdbuchautor so schnell einen so unnachahmlichen Stil entwickelt wie Bertram von Quadt. Doch seine Jagderzählungen spielen im Hier und Jetzt und man merkt gleich, dass da einer schreibt, der sein Leben der Jagd gewidmet hat. Von lustigen Begebenheiten in heimischen Revieren, vom Gamsjagern und dem liebenswerten Drumherum auf der Jagd – wer einmal Gefallen an Quadts Erzählungen gefunden hat, wird diesen zweiten Band des Erfolgsautors lange erwartet haben.

© René G. Phillips

Verlag J. NEUMANN-NEUDAMM AG
Schwalbenweg 1, 34212 Melsungen
Tel.: 0800 – 228 41 71
info@neumann-neudamm.de